Centros de Controle de Sistemas Elétricos de Potência

Uma descrição funcional de sistemas de supervisão e controle.

Daniel Martins

Direitos autorais do texto © 2018

Daniel Augusto Martins

Todos os direitos reservados.

Para Victor, Julie, Sofia e Luca.

Como incentivo para suas lutas, desafios e vitórias que estão por vir.

Os sistemas de supervisão são os olhos e ouvidos do operador.
Professor Francisco Edson Lopes da Rocha

Agradecimentos.

Gostaria de agradecer a todos os amigos e colegas das Centrais Elétricas do Norte do Brasil SA - ELETRONORTE que nos ensinaram, guiaram e auxiliaram no aprendizado "on the job" por mais de trinta anos. Agradecer ainda aos amigos conquistados durante toda a minha formação escolar, acadêmica e profissional. Pessoas que guardo com carinho no coração. Em especial ao pessoal que me acompanhou na Empresa, Sampaio W. V., Almeida C. R., Farias R. do P., Cardoso Jr. J. M. M., de Pinho D. A., Brito Filho P., Messias A., Corps M.

Gostaria também de agradecer a todos os meus mestres desde a infância até a pós-graduação e, em especial à minha orientadora, professora Nicole Pouliquen ou Nicole-Sylvie Breaud que me fez mergulhar na computação híbrida, nas artes da eletrônica digital e na programação de computadores em linguagens de baixo nível que tanto serviram nas minhas atividades como engenheiro.

Gostaria de agradecer finalmente, mas mais enfaticamente ainda, à minha esposa e companheira que tanto sacrifício pessoal fez para me permitir trabalhar em uma área onde a duração do serviço não depende apenas de acordo trabalhista, mas das intempéries, acidentes e caprichos dos sistemas elétricos que nos obrigam a atendê-lo urgentemente sempre que necessário.

Índice

Centros de Controle de Sistemas Elétricos de Potência.................................1
   Uma descrição funcional de sistemas de supervisão e controle...............1
Agradecimentos...4
Índice..5
Introdução...12
   Supervisão da instalação - um pouco de história....................................18
   O sistema de proteção da instalação...19
   Disjuntores e chaves seccionadoras..22
   A supervisão e controle da instalação..23
   Data logging e a unidade terminal remota - UTR....................................25
   Alguns conceitos sobre a operação de sistemas elétricos de potência. ...29
   O número de fases - o número de cabos utilizados................................29
   O estado do sistema elétrico..30
      Estado seguro ou estado normal..30
      Estado de alerta...30
      Estado de emergência...31
      Estado extremo..31
      Estado restaurativo..31
   Exigências básicas para a operação de sistemas elétricos de potência...34
      Atender as exigências das cargas..34
      Qualidade da energia...35
      Frequência...36
      Tensão...38
         Sobretensão..38
         Subtensão..38
         Disponibilidade do fornecimento...38
   Quanto a finalidade dos empreendimentos..39
      Geração de energia elétrica...39
      Transmissão de energia elétrica...41
      Distribuição de energia elétrica..42

A abrangência da responsabilidade da Operação............................44
Operação local ou centro de operação da instalação........................45
Operação de área - Centro de Operação de Área - COA....................46
Operação regional - Centro de Operação Regional - COR. 46
Operação do sistema - Centro de Operação do Sistema - COS. 47
Operação do sistema interligado. 47
Quanto a especialidade da tripulação. 48
Quanto aos aspectos geográficos e arquitetônicos. 48
Supervisão Centralizada. 51
Responsabilidades de um centro de operação. 51
Sistema de comunicações. 53
Dos minicomputadores às redes locais. 55
Necessidade de redundância. 57
Redundância informática. 58
Redundância de comunicação..58
Segurança...59
Segurança de alimentação de energia. 59
Serviços auxiliares das instalações. 60
No-break e bancos de baterias. 60
Segurança informática. 61
Robustez da programação. 61
Normatização da programação. 62
Segurança contra invasão. 62
Análise Funcional de um Centro de Operação................................63
Supervisão e controle – o SCADA. 63
Supervisão analógica. 64
Período de amostragem..64
Variáveis calculadas. 65
Amostragem periódica ou aleatória? 65
O erro de medição e segurança..66
Tratamento. 69
O que o centro de controle faz então? 70

Centros de Controle de Sistemas Elétricos de Potência – D. Martins   6

Propriedades de uma variável analógica. 72
Supervisão digital. 77
    A cronologia dos eventos. 78
    O erro de medição e segurança. 79
Funções de comando do sistema elétrico. 83
O peso do TCP/IP na eficiência do telecomando. 87
Proteção sistêmica. 94
Serviços de supervisão oferecidos por um SCADA. 94
    Dados estáticos ou metadados e dados dinâmicos. 95
    Armazenamento de dados. 98
    Data logging e armazenamento de alarmes e eventos. – SOE- histórico lógico. 99
    Armazenamento das grandezas elétricas - histórico analógico. 100
    Históricos em arquivos texto ou planilhas. 101
    Históricos armazenados em bancos de dados SQL. 102
    A quantidade de dados armazenados – data warehouse. 103
    Sincronização da hora entre as instalações. Uso de GPS. 104
Apresentação do estado operativo em tempo real. 106
    Diagrama unifilar – os olhos do operador. 106
        Desenho topológico da instalação. 107
        Variáveis analógicas. 108
        Variáveis lógicas. 109
        Alarme sonoro - Os ouvidos do operador. 110
    Gráficos históricos. 111
    Consulta online a SOE. 112
    O controle automático de tensão – CAT. 113
Sistema de Gerenciamento de Energia - EMS. 116
    Cálculo do fluxo de potência – Load Flow. 117
    Breve discussão sobre o cálculo do fluxo de potência. 122
    Estimador de estado. 128
    O configurador de estado. 130
    Análise de contingências. 132

Estudos de Previsão de Carga. 136
Cálculo do Despacho Econômico. 138
Controle Automático de Geração – CAG. 138
Fluxo de Potência do Operador – FCO. 140
Resumo das funções de um EMS. 141
Interação dos centros de controle com outras áreas. 143
Auxílio na elaboração de relatórios. 143
Auxílio na confecção das Ordens de Serviço - OS. 144
Integração da rede de supervisão à INTRANET e INTERNET. 145
A troca de informações entre empresas. 146
Oferta de serviços na INTERNET. 146
Integração com uma rede de medição fasorial. 147
Treinamento de operadores. 151
Integração com BMS – Business Management System. 152
Interação entre COS e BMS 153
Utilização de ferramentas matemáticas modernas. 155
Uso de técnicas de inteligência artificial - IA. 155
O uso de redes neurais RNA. 156
Uso de técnicas de detecção de outliers. 157
Árvores de decisão na avaliação da estabilidade. 159
O número elevado de amostras – Big Data. 159
Energia Renovável. 161
Energia solar. 161
Energia eólica. 163
Outras fontes de energia. 166
Smart Grids – A rede elétrica inteligente. 166
Considerações finais. 171
Bibliografia. 173
Sobre o autor. 177

Introdução.

Este livro se destina principalmente aos estudantes de engenharia elétrica que procuram entender, de forma geral, como um centro de controle auxilia na operação de um sistema elétrico de potência, quais as ferramentas utilizadas para tal, quais as funções de um centro de controle, quais as habilidades e especializações necessárias à equipe de técnicos, engenheiros, administradores e quais os objetivos que o pessoal embarcado em um centro de controle de sistemas elétricos de potência persegue no seu trabalho dia a dia. Este livro também é indicado para os estudantes de eletrônica e de tecnologia de informação - TI que, seja por curiosidade, seja por necessidade, quiserem conhecer mais detalhes de um centro de operação.

A ênfase deste livro é a discussão, do ponto de vista funcional, do software disponível em um centro de controle de sistema elétrico de potência. Onde se entende por software, um conjunto de programas ou tarefas, scripts ou tasks, disputando pelo tempo de CPU para realizar seu trabalho, suas funções, inter-relacionamentos e como este conjunto pode auxiliar na observação detalhada do comportamento do sistema elétrico e ajudar os operadores na tomada de decisão de atuações e comandos de reconfiguração para aumentar a segurança, a disponibilidade e a eficiência no fornecimento de energia em larga escala.

Grande parte das ferramentas necessárias para a operação de um sistema elétrico, hoje em dia, são ferramentas de TI que visam automatizar e aumentar a segurança do sistema elétrico. Algumas ferramentas utilizadas são ferramentas de prateleira, como, por exemplo, o protocolo de comunicação TCP/IP, que normalmente já vem embarcado nos sistemas operacionais, enquanto que outras são específicas para produzir uma modelagem informática do sistema elétrico ou realizar funções que melhorem a qualidade do serviço de fornecimento de energia elétrica.

Os fenômenos elétricos não podem ser percebidos muito simplesmente por seres vivos. A audição pode ser usada para perceber o "ronco" dos 50 ou 60 Hz por algumas pessoas, por exemplo, quando um amplificador de som não está com seus filtros de corrente alternada em bom funcionamento. O fechamento de um circuito elétrico através do corpo humano só pode ser sentido, eventualmente, quando este ocasionar um grande desconforto, um dano físico ou a morte, como o risco constante em sistemas elétricos de potência onde as tensões mais baixas, tais como 440 Volts ou 13,8 KV não podem ser percebidos, nem mesmo a curta distância e, muito frequentemente, são mortais. As mais altas como, por exemplo, 69 KV acabam sendo menos perigosas porque, próximos a elas, os pelos dos braços e cabelos eriçam.

A chegada dos computadores microprocessados, a integração de servidores via redes locais e o vertiginoso crescimento da tecnologia da informação - TI, aliada ao desenvolvimento da eletrônica digital, da eletrônica de potência e dos captores de estado de chaves de posição de relés e de valores de correntes elétricas de baixa intensidade, proporcionais a grandezas elevadas de tensão e corrente vieram permitir a criação do que podemos chamar de "olhos e ouvidos" da eletricidade de forma mais abrangente do que os velhos medidores de ponteiros e luzes de sinalização utilizadas nos antigos painéis de usinas geradoras e subestações. A necessidade de operação confiável, segura e ininterrupta de sistemas elétricos de potência trouxe atividades não só para os engenheiros eletricistas, mas também para engenheiros eletrônicos, de telecomunicações e especialistas em computadores, tanto no hardware quanto no desenvolvimento de software específico e dedicado. Por isso este livro pode ser considerado multidisciplinar e despertar o interesse para uma grande variedade de profissionais. O preço pela discussão de tão grande número de assuntos tratados neste livro é a redução da abrangência de cada assunto tratado. Sempre que possível ou lembrado, uma referência bibliográfica é oferecida como uma pista para o aprofundamento de determinado assunto.

A operação de sistemas elétricos de potência sempre foi vista como conservadora. Aliás, o Setor Elétrico, em qualquer país do mundo é tido como um setor conservador. Os riscos envolvidos sempre levaram os dirigentes a duvidar do uso de equipamentos não tradicionais. Foram os blecautes de 1965 e

2003 nos Estados Unidos e Canadá que provocaram a elaboração de recomendações governamentais que forçaram a introdução de parques computacionais e programas de gerenciamento de energia na operação de sistemas elétricos de potência, no caso de 1965, e nas definições de estratégias distribuídas de computação no que hoje se chama "smart grids", no caso do blecaute de 2003 (Wu, Khosrow, & Bose, 2005).

Em 1981 o Governo Brasileiro promoveu a formação do primeiro grupo de pessoal especializado na engenharia de gerenciamento de energia utilizando programas sofisticados originalmente desenvolvidos pela empresa PECO – Philadelphia Electric Company que permitiam a correção bastante eficiente dos dados medidos, o estimador de estados, e na produção de respostas a perguntas do tipo "e se?", pela ferramenta de planejamento conhecida como análise de contingências que ajuda a evitar possíveis instabilidades que, seguramente ocorrem, se o sistema elétrico sofre alterações mais severas. A análise de contingências é bastante utilizada como ferramenta na área de planejamento energético e será discutida ainda neste livro em mais detalhes. Naquela época essas ferramentas não estavam nos centros de controle. Normalmente eram utilizados os computadores do centro de processamento administrativo para produzir, na área de planejamento energético, a modelagem e análise do comportamento do sistema elétrico de potência.

A leitura deste livro é recomendada para alunos de graduação em engenharia elétrica além de técnicos eletricistas e eletrônicos envolvidos com partes específicas das atividades em um centro de operação de sistemas elétricos de potência, assim como de atividades de controle e automação de processos em geral. Os engenheiros da operação e os operadores de sistema também são uma clientela deste trabalho se tiverem interesse em melhores detalhes técnicos sobre como o sistema elétrico de potência é controlado por meios informáticos.

Este livro foi escrito do ponto de vista de quem adquire o parque computacional para compor seus centros de operação além do software para atender as necessidades de fornecimento de energia para a população de forma segura, ininterrupta e confiável. Não é uma visão de fabricante de equipamentos ou de sistemas elétricos prontos. Ele descreve a experiência de mais de 30 anos vivida no Setor Elétrico Brasileiro trabalhando na instalação, testes de comissionamento, aprimoramento e desenvolvimento de sistemas de supervisão e controle em centros de operação visando aumentar a confiabilidade, a segurança e a disponibilidade do sistema elétrico de potência através da utilização correta e eficiente dos recursos tecnológicos disponíveis nos centros de operação.

Para melhor compreender o que os centros de operação controlam uma alegoria que vale a pena utilizar é apreciar o

Sistema Elétrico Interligado em um país, como ilustra a figura abaixo e perceber, holisticamente, o que é um sistema elétrico de potência. Se considerarmos que, por exemplo, no Brasil, praticamente todos os estados estão interligados em uma única rede elétrica, podemos admirá-lo como uma das maiores façanhas da engenharia. Podemos definir o sistema elétrico de potência como a maior máquina em funcionamento em um país. Podemos ver o sistema elétrico como uma grande teia, como uma teia de aranha gigantesca que conecta os cabos (às vezes pelo intervalo de ar entre os enrolamentos de transformadores e máquinas elétricas) dos condutores dos geradores elétricos situados a centenas, às vezes a milhares de quilômetros até a sua singela tomada da lavadora de roupas de casa.

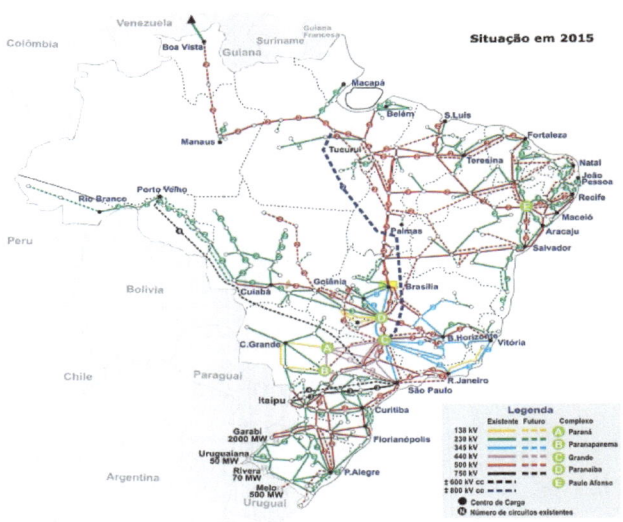

Sistema Interligado Nacional

Como manter esta máquina em funcionamento de forma confiável, segura e ininterrupta utilizando os centros de controle é o resultado que visamos nesta discussão.

Supervisão da instalação - um pouco de história.

Desde que foi necessário levar a energia gerada por um gerador elétrico até múltiplos consumidores, isto é, desde que a distribuição da energia elétrica apareceu por volta de 1890, surgiram agrupamentos de equipamentos que permitiam o redirecionamento da energia através de linhas em postes ou outras estruturas de suporte.

Pátio de uma subestação de energia elétrica

Este agrupamento de equipamentos se denomina *instalação* de forma genérica ou quando não há geração de energia e apenas transformação de níveis de tensão e redirecionamento de linhas de transmissão, *subestação*. Uma subestação é, portanto um conjunto de materiais tais como cabos, estruturas metálicas e equipamentos como transformadores, equipamentos seccionadores de cabos (disjuntores e chaves seccionadoras), relés de acionamento de bombas, relés de proteção para atuar nos equipamentos de seccionamento, sensores e barramentos especiais, denominados de alimentadores, de onde é distribuída a energia entre os postes ou linhas de transmissão para as diversas comunidades atendidas e ainda bobinas, denominadas reatores, às vezes móveis para controle fino da tensão como os compensadores síncronos e bancos de capacitores utilizados para controle da tensão, dentre outros equipamentos.

O sistema de proteção da instalação.

Além disso, desde muito tempo se fez necessário adicionar equipamentos eletrônicos especializados para tomar a iniciativa de desligamento quando alguma anormalidade fosse encontrada no comportamento das grandezas elétricas prevenindo, assim, prejuízos materiais e humanos. Um desbalanço de tensão ou corrente num sistema elétrico trifásico pode indicar a proximidade de um acidente devido a um curto circuito em uma das fases. A elevação das correntes em uma linha pode indicar também um aumento intempestivo e insuportável de carga que pode vir a danificar os enrolamentos de transformadores com risco de incêndio, dano ao patrimônio e risco de vida. É por isso que as instalações elétricas são dotadas de instrumentos eletrônicos com capacidade de rápido acionamento de abertura dos disjuntores nessas situações. Assim nasceu o sistema de proteção e assim nasceu toda uma área de estudos chamada de *Proteção de Sistemas Elétricos* que ensina a selecionar qual a melhor estratégia de instalação e ajuste dos equipamentos de proteção. Mesmo nas residências uma forma mais rudimentar de equipamentos de proteção é utilizada. São os fusíveis e disjuntores nos quadros de alimentação nos prédios.

Relé de TRIP de alta velocidade

A figura acima ilustra um antigo instrumento de proteção, um relé de proteção de sobretensão.

A figura abaixo ilustra um equipamento de proteção bem mais moderno, microprocessado e totalmente parametrizável por software que agrega, num só equipamento, diversas funções de proteção, supervisão, controle, transmissão de dados e sincronização horária via GPS – Global Positioning System.

Moderno relé de proteção

A estratégia de proteção vem sendo sofisticada e sua eficiência aumentada com o passar dos anos. Conceitos como o de *teleproteção* em que um sinal é enviado de uma subestação, aquela percebe o risco, para uma subestação vizinha, solicitando que esta atue na abertura de um disjuntor vem nomeando estas estratégias como "filosofia de proteção". Uma vasta área de estudo que, até o tempo destes escritos, não vem tendo reconhecida a sua importância devida nos cursos de engenharia elétrica. Há mais de 30 anos que ela é raramente oferecida como disciplina normal em cursos de graduação. Em geral é optativa tanto na graduação quanto na pós-graduação. A maioria dos especialistas nesta área com quem fiz contato nos meus anos no Setor Elétrico Brasileiro foi formada na própria empresa tentando resolver e aprimorar sistemas de proteção entregues pelos fornecedores dos equipamentos em subestações e usinas geradoras. Alguns a fizeram como disciplina optativa.

Disjuntores e chaves seccionadoras.

Vale salientar a diferença entre disjuntores e chaves seccionadoras. O encaminhamento da corrente elétrica em uma subestação para as diversas áreas de consumidores ou para as subestações seguintes, a seleção da fonte de geração ou da subestação anterior fornecedora de energia para uma subestação é realizada através de disjuntores e chaves seccionadoras. Os disjuntores são chaves de acionamento muito rápido, normalmente alguns centésimos ou milésimos de segundos. Os disjuntores, assim, são acionados pelos equipamentos de proteção para desligar rapidamente uma área da subestação, evitando assim danos materiais ou humanos. Os relés de proteção então são os instrumentos que "tomam a decisão" de abertura de disjuntores. O fechamento deles, normalmente, se dá pela ação humana, hoje em dia, também, por automatismos mais modernos. As chaves seccionadoras, por sua vez, são construídas com grandes hastes metálicas, frequentemente, com metros de comprimento, que permitem isolar eletricamente, pela distância de um ponto energizado, uma área da subestação. Assim, as chaves seccionadoras são equipamentos de isolamento. Seu acionamento para abertura e fechamento pode ser por comando, mas é um equipamento voltado para ações de manutenção. Sempre que há necessidade de intervenção humana em uma área do pátio da subestação, as chaves seccionadoras próximas são abertas para permitir a presença do pessoal sem risco.

Disjuntor trifásico, a esquerda e chaves seccionadoras

A figura acima ilustra exemplo de disjuntor e chaves seccionadoras em uma subestação de alta tensão.

A supervisão e controle da instalação.

A complexidade da instalação, a exposição ao tempo e os níveis de tensão presentes já sugere uma grande dificuldade de operá-la diretamente do pátio, ao ar livre. O risco de vida envolvido quando se faz um passeio por debaixo de cabos de alta ou extra-alta tensão sugere que o acionamento dos equipamentos de seccionamento e a observação dos valores elétricos que circulam ou estão presentes nos cabos e barramentos, seja feita a uma distância segura. Daí a utilização de *casas de comando* e a necessária fiação interligando as casas de comando ao pátio. Historicamente então uma casa de comando ou uma sala de comando era composta até pouco tempo por um grupo de armários metálicos contendo basicamente três tipos de painéis. Um painel de lâmpadas representando o estado dos equipamentos de seccionamento e estados de relés de proteção, um painel com medidores analógicos de ponteiro apresentando os valores de tensões, correntes, fluxos energéticos, etc. e, finalmente, um conjunto de botões e chaves que permitem acionar remotamente os disjuntores e chaves a partir da sala de comando, evitando assim as perigosas visitas frequentes ao pátio. Uma sala de comando de uma instalação, assim, já poderá ser considerada um centro de controle.

Painel de controle de uma instalação

A figura acima ilustra os três painéis. Abaixo, o painel comando remoto utilizando as botoeiras de acionamento dos disjuntores, ao centro, o painel de alarmes composto por um conjunto de lâmpadas representando o estado dos equipamentos e alarmes e estados de relés de proteção e, finalmente, no alto, os medidores analógicos de ponteiro. Esta foi a interface homem-máquina disponível por décadas para o controle do sistema elétrico de potência.

Data logging e a unidade terminal remota - UTR.

A primeira necessidade adicional, além daquela primária de visualização dos estados e valores e das botoeiras de acionamento foi de não só saber o estado do sistema elétrico, mas saber em que instante o estado de um equipamento mudou, ou melhor, a ordem cronológica em que as diversas alterações, aberturas, fechamentos, atuações, desligamentos, religamentos, acionamentos, etc. ocorreram. O instante em si não é realmente importante em uma dada instalação. A data exata da ocorrência não é importante. A cronologia das ocorrências, isto é, a ordem temporal em que ocorreram é de importância fundamental para uma boa análise global da ocorrência, suas causas, seus porquês e o que fazer para evitar que voltem a ocorrer. Nesta área da engenharia elétrica, denominada de *análise da atuação da proteção de sistemas elétricos de potência*, na palavra proteção está envolvida também a proteção humana, esta sim o mais importante objetivo desta ciência e arte.

No início da década de 1960, a redução de custo dos minicomputadores e o aparecimento de impressoras de impacto, forneceu a tecnologia que atendia ao objetivo de conhecer a cronologia dos eventos e alarmes ocorridos numa subestação localizada. Os fios que transportavam os estados dos equipamentos no pátio e se terminavam nos painéis luminosos de alarmes e eventos foram ligados em paralelo às entradas digitais de um minicomputador e um programa neste minicomputador associava as alterações de estado dos contatos no pátio as variáveis da subestação, permitindo construir uma lista textual, datada na ordem cronológica em que as mudanças ocorriam no pátio, quando estas tinham suas alterações de estado percebidas pelo minicomputador, normalmente associando as alterações de entradas digitais a interrupções hardware da CPU. Esta lista então, enviada para uma impressora de impacto e examinada aos olhos de especialistas em proteção, é até hoje o instrumento básico de análise de ocorrências em sistemas elétricos de potência. Este evento pode ser considerado como o início da utilização de tecnologia da informação - TI na operação de sistemas elétricos. A figura abaixo ilustra uma UTR e sua impressora de data logging. Esta lista é conhecida no setor como "lista sequencial de eventos" ou SOE – Sequential Of Events.

Unidade Terminal Remota e sua impressora do SOE

Mais recentemente as UTRs foram substituídas por equipamentos denominados PLC - "programable logic controller", que utilizam uma linguagem de programação mais simplificada que o velho Assembler das antigas UTRs, denominado "Ladder Logic". Hoje os PLCs acumulam as funções de uma UTR clássica com funções de comando e proteção. Os PLCs têm a vantagem de serem modulados de forma que ampliações e alterações nas instalações seriam mais facilmente absorvidas sem grandes alterações tecnológicas. A ampliação do software usando ladder logic também é mais simples. Estas alterações, quando realizadas nas UTRs eram, normalmente, fontes de dores de cabeça para o pessoal de TI responsável por sua manutenção. Ampliar um programa em linguagem Assembler não é tarefa fácil. A figura abaixo ilustra um típico PLC.

PLC

Programmable logic controller

Era comum o procedimento nas subestações, após a ocorrência de um desligamento, de envio da papelada contendo a lista de eventos e alarmes produzidos pela UTR até as mãos dos especialistas em proteção que, normalmente, não estão presentes nas subestações. O SOE foi, por várias décadas, a ferramenta usada para análise de ocorrências em sistemas elétricos de potência. Vale salientar aqui que, até então, folhas de papel eram usadas para armazenar a história da subestação, pois que estas folhas eram guardadas para eventuais consultas futuras para comparação de ocorrências presentes com ocorrências passadas na busca pelo entendimento de suas causas e como evitá-las. Toda esta papelada e, eventualmente, sua preciosa informação está hoje completamente perdida. Durante muito tempo o SOE não foi armazenado em mídia magnética.

Assim, UTRs, PLCs, impressoras de impacto, registradores gráficos a pena de tinta, etc. começam a gerar nas subestações o que este livro discute. No caso, um centro de operação local.

Alguns conceitos sobre a operação de sistemas elétricos de potência.

A seguir são apresentados conceitos e definições utilizadas pelos especialistas em sistemas elétricos de potência. Alguns conceitos diferem ligeiramente de país a país, de escola a escola, mas a ideia básica se mantém. A discussão detalhada das áreas envolvidas com cada um dos conceitos descritos abaixo está fora do escopo deste livro, mas para melhor compreender o que um centro de operação controla, entendemos ser necessário conhecer pelo menos o jargão dos eletricistas e algumas definições, características elétricas e fórmulas, consideradas básicas ao sistema observado e controlado.

O número de fases - o número de cabos utilizados.

A energia elétrica é transmitida desde a sua geração até ao consumidor final através de três condutores denominados *fases*, além de um condutor adicional denominado *neutro* ou *terra*. Costuma-se nomear as fases com as letras A, B e C ou ainda como A, B e V. A forma de transmissão utiliza três ondas senoidais. Esta modalidade de transmissão é denominada *transmissão em corrente alternada*. Apenas na transmissão de grandes quantidades de energia, quando a tensão no condutor se aproxima de 1.000.000 de volts é usual transmitir a energia utilizando *corrente contínua*. O estudo detalhado e a modelagem matemática da transmissão em corrente alternada e, muito mais ainda em corrente contínua, é uma área de conhecimento da engenharia elétrica muito específica, dominada por muito poucos.

O estado do sistema elétrico.

Ao conjunto de valores de tensões, ângulos de fase destas tensões, fluxos energéticos nas linhas, etc. em diversos pontos do sistema elétrico de potência é associado o termo *estado do sistema elétrico*. Este conjunto pode assumir valores normais, levemente anormais ou alarmantes, quando o sistema está entrando em colapso. Os especialistas dividem normalmente o comportamento do sistema elétrico em três estados:

Estado seguro ou estado normal.

Todas as variáveis se encontram dentro de intervalos de variação razoáveis. O sistema não corre nenhum risco de colapso. Por exemplo, os valores de tensões devem variar em torno de ±5 % para serem considerados normais, os fluxos devem estar em torno dos valores nominais recomendados pelos fabricantes dos equipamentos, os valores de tensão e corrente nas três fases devem estar próximos uns dos outros, etc.

Estado de alerta.

Algumas variáveis saem dos limites normais como resultado de uma perturbação no sistema elétrico.

Desligamentos de geradores ou de consumidores, grandes variações de cargas de alguns consumidores, desligamentos de linhas de transmissão podem conduzir o sistema elétrico ao estado de alerta.

Estado de emergência.

Uma perturbação severa tal como a perda de vários geradores, o desligamento de um ponto de conexão com outra área e severas perdas de carga podem levar o sistema ao estado de emergência.

Estado extremo.

Desligamentos em cascata, apagões em diversas áreas (ilhamentos) podem levar o sistema ao colapso. Usinas inteiras são desligadas, linhas de transmissão são desligadas pela ação dos equipamentos de proteção e milhares de consumidores ficam sem energia.

Estado restaurativo.

Ações de controle e de chaveamento são realizadas para religar os geradores e sincronizá-los com a rede, as linhas de transmissão religadas e as cargas restabelecidas.

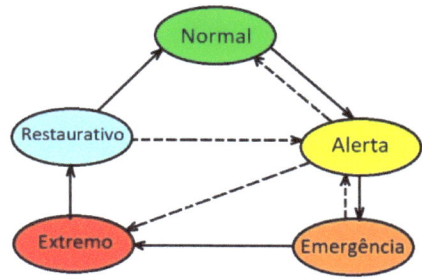

Estados de um sistema elétrico.

A figura ao acima ilustra os caminhos percorridos pelos operadores do sistema quando ocorre uma perturbação. No estado normal: relax. Operadores nada têm a fazer salvo estudos de planejamento e eventuais relatórios operativos e administrativos além da vigilância constante, auxiliados pelas funções de supervisão dos centros de controle. Espera-se que o sistema permaneça assim 100 % do tempo. No estado de alerta o nível de stress começa a subir. Providências são tomadas para ajuste de níveis de tensão, eventualmente algumas manobras de chaveamento para conexão de reatores, de bancos capacitores e ajustes finos nos compensadores síncronos e outros equipamentos de ajuste. No estado de emergência o nível de stress fica ainda mais elevado. Ele pode significar perda de consumidores e/ou perda de geradores e providências mais severas de chaveamento e reconfiguração são tomados. Os operadores estão tanto no estado de elevada tensão quanto, às vezes, no estado de quase pânico, tentando levar o sistema de volta ao estado normal. Providências mais severas devem ser tomadas como, por exemplo, alívio de carga, o que pode levar ao desligamento de consumidores eleitos como não essenciais, acionamento, desligamento de geradores ou usinas, etc. No estado extremo, raro de acontecer, só em apagões, é o que se espera, a luta é para minimizar o desastre, tentar a todo custo ajustar o sistema para levá-lo ao estado restaurativo quando o sistema começa a se recuperar de forma gradativa, mas segura. Naturalmente, estas ações devem priorizar a segurança humana antes da segurança patrimonial.

Os apagões, que caracterizam o estado extremo, são a conta que eventualmente pagamos por ter o sistema interligado. A interligação do sistema veio trazer benefícios financeiros e redução das necessidades de investimento para atender a crescente e natural demanda de energia no país. O Brasil não pode deixar de utilizar esta política porque precisa contar com a bênção de possuir bacias hidrográficas com comportamento sazonal complementar. Quando os rios no Sul estão volumosos os rios do Norte estão minguados e vice-versa. Então, hora o Norte usa energia do Sul, hora o Sul usa energia do norte. O Canadá, país mais latitudinal que longitudinal não pode se utilizar tanto deste presente geográfico. O preço que pagamos é que quanto mais interligado, mais aumenta a possibilidade das contingências se propagarem entre as regiões. A interligação do sistema favorece o risco de instabilidade e aponta na direção do blecaute. Análise da estabilidade dos sistemas elétricos de potência é uma área de conhecimento muito importante da engenharia elétrica.

Exigências básicas para a operação de sistemas elétricos de potência.

A seguir discutimos as metas mais gerais perseguidas pelos operadores nos seus centros de controle. As exigências mandatórias perseguidas podem ser resumidas como:

Atender as exigências das cargas.

As demandas de energia, por parte dos consumidores, sejam eles consumidores domésticos, sejam eles consumidores industriais, sofrem uma variação sazonal que depende da hora do dia, do dia da semana e da estação do ano. Uma curva típica de demanda de energia diária é mostrada na figura abaixo.

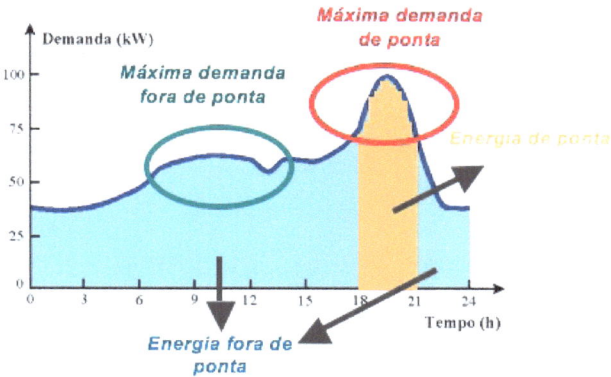

Curva de demanda diária de energia

O sistema elétrico deve ser capaz de atender, com folga a ponta de demanda máxima, que normalmente ocorre mais ou menos entre 18 e 21 horas, dependendo do país, da estação do ano e do horário de verão. Se ele atender isto, o resto do dia ele trabalha com folga. O termo "folga" pode ser considerado como uma vantagem a primeira vista. Entretanto ele indica que é necessário investimento para atender o valor de pico da demanda. Se a curva fosse achatada, isto é, se fosse possível reduzir o valor de pico, o investimento seria menor. O sonho do Ministério das Minas e Energia é reduzir o consumo no horário de pico. Este assunto será discutido mais na frente. O valor médio da demanda, naturalmente, tem um crescimento vegetativo proporcional ao aumento populacional e ao crescimento econômico do país com a implantação de novas indústrias, crescimento populacional, etc. Assim, são necessários constantes investimentos para atender a demanda crescente.

Qualidade da energia.

Hoje em dia existe uma preocupação crescente com a qualidade de energia. O grande número de componentes e equipamentos de comportamento não linear, tais como as lâmpadas mais modernas, os motores elétricos de escova, principalmente na sua partida, etc., injetam uma quantidade grande de componentes harmônicos no sistema elétrico. O sistema é projetado para que suas ondas elétricas sejam uma onda senoidal pura, de frequência 50 ou 60 Hz. Componentes de frequência de 120, 240, 480 Hz, etc. são denominadas componentes harmônicas. Estas componentes podem, por exemplo, penetrar pelas fontes de alimentação de equipamentos de precisão, tais como computadores, tomógrafos, radares, etc., apesar da presença dos costumeiros capacitores de filtragem. Uma recente área de estudo para análise de componentes harmônicos vem crescendo e produzindo resultados. Instrumentos, denominados de "qualímetros" estão disponíveis no sistema elétrico em áreas críticas e são interligados aos centros de controle para oferecer e armazenar a amplitude dos componentes harmônicos de forma a permitir sua análise, determinar origens, causas e como reduzi-las ou evitá-las. Os harmônicos são os ruídos indesejáveis do sistema elétrico.

Frequência.

Porque manter a frequência constante? As flutuações de frequência são danosas aos equipamentos elétricos caseiros. A frequência da onda elétrica produzida por motores em corrente alternada é proporcional a velocidade de rotação do motor.

$f = Np/120$ onde,

f = frequência da rede elétrica.

p = número de polos do motor ou gerador.

N = velocidade de rotação do motor ou gerador em RPM.

Como numa turbina o fluxo de água passando pela turbina não é constante, há variação na velocidade e, portanto, na frequência da rede. Estas variações são corrigidas por reguladores de velocidade eletromecânicos.

Além disso, a diferença entre o valor medido da frequência com relação ao valor base, 50 ou 60 Hz espelha o desbalanceamento entre o que está sendo gerado de energia elétrica e o que está sendo consumido pelas cargas do sistema. Assim, o desbalanço de frequência é uma representação numérica aproximadamente proporcional ao desbalanço energético do sistema, ou ao equilíbrio do sistema ou ainda à estabilidade do sistema. Frequência acima do valor nominal indica geração maior que demanda e frequência menor que o valor nominal indica que a geração não está conseguindo atender a demanda.

Desde a década de 1950, quando os sistemas elétricos começaram a se expandir, era tomada uma amostra da frequência e uma amostra da potência gerada pelos diversos geradores espalhados por uma região e transmitida por equipamentos de rádio analógicos para, combinada com a carga que atendia aos consumidores, compor o controle de carga-frequência, uma tentativa de realizar precariamente o que se chama hoje despacho ótimo de carga. Este arranjo, podemos considerar como a função mais antiga de um centro de controle de sistema elétrico de potência.

Tensão.

Porque é necessário manter a tensão constante?

Sobretensão.

Os motores elétricos tendem a girar em sobrevelocidade quando alimentados por tensões acima do valor normal. Isto resulta em vibrações e aumenta a possibilidade de danos mecânicos.

Subtensão.

Para uma dada potência necessária, subtensões resultam em redução nas correntes dos enrolamentos dos motores o que acarreta problemas de vibração, redução da velocidade de rotação, etc.

P = V.I,   onde,

P = potência elétrica.

V = tensão aplicada no enrolamento.

I = corrente fluindo pelos enrolamentos.

Disponibilidade do fornecimento.

Nós, consumidores, pagamos para ter energia durante as 24 horas do dia. Normas são estabelecidas, recomendações são feitas pelos órgãos reguladores e sanções são aplicadas quando do seu descumprimento. O conforto e a segurança dos consumidores e do seu patrimônio devem ser assegurados.

Quanto a finalidade dos empreendimentos.

Geração de energia elétrica.

A energia elétrica deve ser gerada, transmitida até os grandes centros consumidores e distribuída por entre os clientes. Normalmente o local propício para geração é longe dos grandes centros. As usinas hidrelétricas são construídas em rios com elevado desnível ou queda d´água. Parques eólicos são construídos normalmente na costa ou mar à dentro. Parques fotovoltaicos são construidos em regiões amplas e ensolaradas. A distância a ser vencida pela energia elétrica da geração até o consumo é feita utilizando cabos de cobre e alumínio apoiados em torres metálicas em tensões elevadas para minimizar as perdas pelo aquecimento dos cabos pela corrente elétrica e altas suficientemente para isolar os cabos os afastando do chão de forma evitar os inevitáveis curto circuitos que seriam provocados pelas elevadas tensões. Lembrando que P=V×I, para manter P elevado e conseguir reduzir o aquecimento dos cabos reduzindo I, devemos elevar V. Dependendo da distância a ser vencida, podem ser economicamente necessárias diversas subestações abaixadoras para atender comunidades nas proximidades das linhas. Nos centros de consumo, a tensão é reduzida. No Brasil, é reduzida para 69 KV e distribuída em valores ainda mais baixos, por exemplo, em 13.800 V, 440 V e até o nível de 110 ou 220 Volts para os consumidores residenciais. Tradicionalmente, os segmentos geração, transmissão e distribuição são atribuídos a diferentes empresas concessionárias. Podemos dividir as empresas de energia pela sua competência de atuação como empresas de geração, empresas de transmissão e empresas de distribuição de energia elétrica.

Um tipo de geração comum no Brasil é a realizada pelas usinas hidrelétricas, que convertem a energia potencial obtida pela altura da coluna de água obtida pelo represamento de um rio em energia elétrica através do escoamento da água por pás, ou hélices que movimentam as turbinas acopladas aos geradores elétricos. Usinas térmicas convertem o calor da combustão de óleo, carvão, reações nucleares etc. em calor utilizado para o aquecimento da água cuja pressão do vapor produzido é utilizada para a movimentação de turbinas que, por sua vez, fazem girar os geradores elétricos produzindo energia. As usinas nucleares também são consideradas usinas térmicas. Aquela fumaça branca que se eleva dos geradores nucleares, tanto utilizada na imprensa para ilustrar a poluição ambiental é, na verdade, apenas vapor d´água. O perigo está mais abaixo.

Mais recentemente novas formas de conversão de energia em energia elétrica veem cada vez mais sendo utilizadas. As usinas fotovoltaicas convertem a energia do Sol em energia elétrica, as usinas eólicas, utilizam a força dos ventos, as usinas maré motrizes utilizam a força das ondas ou o movimento das marés, etc. Estas novas formas ecologicamente mais adequadas, tendem a substituir as formas de geração térmica e hidráulica, que ocasionam maior impacto ambiental. A energia fotovoltaica vem sendo cada vez mais sendo utilizada em residências, a Alemanha é o melhor exemplo de como se pode conseguir mais independência das companhias de distribuição e, durante algumas horas do dia, até vender a energia excedente.

Nas usinas hidrelétricas e térmicas a geração de energia normalmente é realizada em nível de tensão nas proximidades de 13.800 volts. Normalmente esta tensão é imediatamente elevada nos transformadores presentes na subestação adjacente ao parque gerador para transmissão.

Transmissão de energia elétrica.

Outras empresas tem a vocação para as atividades envolvidas com o conjunto de linhas de transmissão e subestações elevadoras e abaixadoras de tensão responsáveis pelo transporte da energia elétrica desde as usinas geradoras até aos centros de consumo, tais como os aglomerados urbanos, indústrias etc. são empresas especializadas na *Transmissão de Energia Elétrica*. A eficiência, a alta disponibilidade e a segurança no transporte de energia são as preocupações dominantes destas empresas.

A transmissão de energia é realizada em níveis de tensão que variam, em geral, de 34.5, 138, 230, e 500 KV. Transmissão além de 700 KV normalmente, hoje em dia, é feita em corrente contínua. A classificação dos níveis de tensão varia levemente de país para país.

Distribuição de energia elétrica.

É de responsabilidade das empresas de distribuição promover a entrega da energia ao consumidor residencial final e, eventualmente a consumidores especiais como indústrias e grandes empresas. Normalmente são companhias que se preocupam com a transmissão da energia já transformada para mais baixa tensão e, através do apoio em postes ou dutos subterrâneos, entrega a energia ao consumidor final. Ainda aqui, onde a quantidade de fiação se multiplica exponencialmente já que cada consumidor precisa de uma fiação particular, a preocupação com a qualidade da energia entregue, como por exemplo, os níveis de tensão adequados, a disponibilidade da energia e a minimização do número de interrupções de cada consumidor são as primeiras preocupações das companhias de distribuição.

Para as três áreas de abrangência descritas, os órgãos reguladores governamentais estabelecem figuras de desempenho a serem perseguidas pelas companhias. Por exemplo, é comum encontrar figuras como:

DEC ou DEK - Duração do desligamento - tempo em que o cliente fica sem energia elétrica por intervalo de tempo. A este tempo é estabelecido um valor máximo contratual, normalmente num intervalo de um mês.

FEC ou FEK - Frequência de desligamento - a quantidade de vezes a que o cliente ficou sujeito à interrupção de energia elétrica. O FEC ou FEK também é contabilizado por um período, normalmente um mês. Sanções são normalmente estabelecidas quando de violações dos valores contratuais estabelecidos com as concessionárias.

Valores de DEC e FEC diferentes são estabelecidos pelos órgãos reguladores em valores diferentes às empresas de transmissão e distribuição. Dependendo da empresa, este par pode também ser encontrado com os nomes de DEK e FEK. Valores de DEC de 77,5 % até 98,5 % são encontrados em balanços demonstrativos de empresas de energia (CEMIG, 2009).

Normalmente a distribuição de energia se realiza utilizando as tensões abaixo de 69.000 volts, inclusive. Tensões de 69.000 volts, 13.800, 440 volts, 220 e 127 volts, estas últimas já atingem as entradas das empresas ou residências, os consumidores finais. Indústrias, grandes consumidoras, podem receber em 13.800 volts.

Atenção aos não eletricistas. Para os transformadores trifásicos, portanto com três enrolamentos, escutamos falar em valores de tensão de 380 volts em postes de rua. Cuidado, existe uma "raiz de três" escondida nesta afirmação. 380 é o valor da tensão entre fases. A tensão fase-neutro é conseguida por $380/\sqrt{3} = 220$ volts. E mais ainda, 220 volts, a tensão que nos é oferecida em casa é a tensão fase-fase ou tensão entre fases. Na nossa tomada recebemos $220/\sqrt{3} = 127$ volts em muitos países.

A abrangência da responsabilidade da Operação.

Os sistemas elétricos são operados em diversos níveis de responsabilidade. A complexidade do sistema obriga a presença de pessoal de diversas especialidades desde as subestações e usinas até aos centros de controle e os centros de despacho, coordenação e planejamento do sistema elétrico entre as diversas áreas ou companhias. Atualmente, com o avanço tecnológico, discutido mais detalhadamente a seguir, algumas instalações já permanecem desocupadas, mas assistidas remotamente, normalmente com uma ou duas pessoas, presentes durante o horário de expediente, mas nas proximidades, sempre prontas para intervir em ocorrências inesperadas. Normalmente se classifica a área de abrangência de operação em:

Operação local ou centro de operação da instalação.

A operação é considerada local quando ela é responsável por uma usina ou subestação. As preocupações envolvidas são de operar e manter a instalação em segurança, atendendo as diretrizes do planejamento e obedecendo aos critérios estabelecidos de disponibilidade, confiabilidade e continuidade (ausência de interrupção) dos equipamentos de uma instalação, seja uma usina, seja uma subestação. Cada vez mais, hoje em dia, os centros de operação local vão deixando de ter tripulação permanente. As atividades normais de regulação de tensão e chaveamentos programados são realizadas por computadores e é comum hoje em dias encontrarmos apenas um especialista de sobreaviso, nas imediações de pequenas subestações ou pequenas centrais hidráulicas - PCH. As torres eólicas, os parques fotovoltaicos, por exemplo, já nascem desocupados, mas não desassistidos. A assistência é realizada remotamente ou localmente, quando da perda de comunicação.

Um centro de operação local particular é o centro de operação de usina – COU. Este centro, além das características dos outros centros de operação utiliza funções específicas para, por exemplo, tratamento de consignes de potência básica recebida remotamente a ser sustentada pelo grupo de geradores da usina e a repartição equânime e estratégica da geração por entre eles.

Operação de área - Centro de Operação de Área - COA.

As tarefas e preocupações estão agora relacionadas com a coordenação, planejamento da operação e análise da pós-operação de um grupo de usinas e/ou usinas e subestações em uma área geográfica específica. As áreas são estabelecidas como resultado do planejamento eletroenergético levando em conta as características elétricas e geográficas e até políticas específicas de uma região.

Operação regional - Centro de Operação Regional - COR.

As tarefas e preocupações estão agora relacionadas com a coordenação, planejamento da operação e análise da pós-operação de um grupo de usinas e/ou subestações em um grupo de estados do país associados a uma determinada região geográfica ou política. Os estados são selecionados como resultado do planejamento eletroenergético levando em conta as características geográficas e políticas específicas de uma região. Nestes centros de operação as atividades de despacho de carga já aparecem. Denomina-se despacho de carga as atividades de planejamento, monitoramento e alteração da quantidade de energia a transportar, desde a origem, a geração, até o destino, os consumidores.

Operação do sistema - Centro de Operação do Sistema - COS.

As responsabilidades estão agora relacionadas ao planejamento energético, ao despacho e coordenação de carga entre as regiões e com outras empresas, o planejamento da operação além do planejamento pré-operação e análise da pós-operação de todos os centros de operação. Nestes centros de operação as atividades de despacho de carga são realizadas pelas áreas especializadas e envolvem um número bem maior de especialistas em planejamento, operação, proteção e análise de pós-despacho. No COS se encontram as trocas de informação com as diversas outras áreas da empresa. Da área de direito à econômica, à contábil, ao planejamento econômico, energético, ao relacionamento com outras empresas, etc.

Operação do sistema interligado.

A responsabilidade agora é nacional. O planejamento energético global, o despacho global e a manutenção dos níveis de tensão e fluxos energéticos são uma constante. No Brasil esta atividade é realizada pelo Operador Nacional do Sistema Interligado - ONS. O operador nacional define os procedimentos de rede, um conjunto de normas e requisitos técnicos que definem os procedimentos e os requisitos necessários à realização das atividades de planejamento da operação eletroenergética, administração da transmissão, programação e operação em tempo real do Sistema Elétrico Integrado Nacional - SIN.

Quanto a especialidade da tripulação.

A operação do sistema elétrico de potência é uma atividade multidisciplinar. Ela exige especialistas de várias áreas. O resultado do esforço comum da tripulação é o que garante a eficiência no fornecimento de energia para os consumidores finais. Em empresas de energia se encontram normalmente pessoal com as seguintes especialidades:

- Engenheiros e técnicos eletricistas e eletrônicos.
- Engenheiros e técnicos especialistas em proteção elétrica.
- Engenheiros e técnicos especialistas na operação do sistema.
- Engenheiros e técnicos especialistas em telecomunicações.
- Economistas.
- Advogados.
- Administradores e etc.

Quanto aos aspectos geográficos e arquitetônicos.

Os centros de controle regionais ou locais frequentemente são encontrados junto às instalações. Centros de controle locais ou regionais são encontrados próximos aos pátios de subestações ou próximo a elas, em usinas hidrelétricas ou junto a parques eólicos. Centros de controle

Regionais – COR são mais frequentemente localizados em capitais de estados e Centros de Controle de Sistema – COS, na capital do país. A arquitetura do prédio normalmente prevê uma grande sala, a sala de operação, onde ficam os operadores do sistema elétrico em frente aos seus terminais com vários monitores utilizados para a visualização dos diagramas unifilares, das listas de alarmes e para efetuar ainda os trabalhos administrativos. Normalmente a sala de operação conta com um grande painel, o quadro sinótico, antigamente confeccionado com linhas desenhadas e sinalizadores luminosos e hoje montados a partir de grandes monitores de vídeo ajuntados para formar imagens ainda maiores.

Os prédios normalmente também abrigam salas contíguas à sala de operação onde fica o pessoal técnico mais próximo como, por exemplo, uma sala para o pessoal de planejamento elétrico, pré-operação, uma sala para o pessoal de análise de ocorrências e da proteção do sistema, a sala de pós-operação, além, eventualmente, de salas para a tripulação que cuida do sistema informático e os engenheiros e técnicos de telecomunicações.

A foto abaixo é um exemplo de sala de comando de um centro de operação. O Centro de Operação Regional de Belém, da Eletronorte S.A. no Estado do Pará.

Os centros regionais - CORs contam normalmente com duas mesas de operação para os operadores que trabalham em turno e uma mesa para um operador que coordena os trabalhos. Em centros de operação de sistemas – COS o número de mesas pode ser maior para, por exemplo, abrigar os engenheiros de operação que utilizam as funções de gerenciamento de energia – EMS.

Sala de Controle do Centro de Operação Regional de Belém – COR-B Eletronorte S.A.

Supervisão Centralizada.

Dada a complexidade do sistema elétrico, os equipamentos necessários ao fornecimento de energia ficam espalhados por vastas regiões. A chegada dos avanços tecnológicos nas áreas de eletrônica de potência, eletrônica digital e informática industrial conduziu a integração de equipamentos computadorizados atuando como auxílio na operação dos sistemas. Os avanços nas telecomunicações, principalmente a chegada das fibras óticas, que encontraram caminho natural dentro dos cabos de aterramento no alto das torres de transmissão, permitiram a integração segura de um parque de computadores, normalmente interligados por protocolos de comunicação eficientes e confiáveis como TCP/IP.

Responsabilidades de um centro de operação.

Como já discutido, os centros de operação, localizados nas instalações, subestações, na coordenação de regiões, nas sedes das empresas, COS e do país, o Operador Nacional, têm suas principais responsabilidades descritas a seguir. Uma descrição detalhada do passado, presente e futuro de uma sala de controle em um centro de operação de sistemas elétricos de potência pode ser encontrada em (Wu, Khosrow, & Bose, 2005).

Operação da área do sistema elétrico sob sua responsabilidade. Atividade realizada pelo revezamento em turnos de operadores do sistema. Conforme já discutido, algumas instalações são desassistidas de operadores, mas remotamente assistidas graças ao uso de equipamentos informáticos e de telecomunicações. Estas atividades são realizadas em *tempo real*. A coordenação das atividades de manutenção no campo, além daquela, obviamente de operar o sistema, é a atividade mais importante da operação. A "visibilidade" geral das instalações, oferecida pelos equipamentos informáticos permite evitar que equipes de manutenção no pátio fiquem expostas a riscos elétricos e físicos.

Planejamento da operação. Normalmente denominado de *pré-despacho*, quando são programados os turnos de operação, as atividades de manutenção e a programação recebida do planejamento energético de nível superior. Essas atividades são realizadas por especialistas em operação, mas não mais em turnos, utilizando os horários de expediente normal.

Avaliação do desempenho do sistema elétrico sob sua responsabilidade ao final de períodos de tempo. Normalmente denominado de *pós-despacho*. Aqui se utiliza principalmente os dados do sistema de supervisão e são elaborados os relatórios periódicos de desempenho. Grande esforço é concentrado pelo pessoal especialista na proteção do sistema elétrico para elaborar relatórios de aconselhamento sobre eventuais alterações em procedimentos e ajustes que evitem a atuação da proteção quando da ocorrência de desligamentos durante o período.

Atividades administrativas necessárias e comuns à empresa. Aqui incluídas atividades de reciclagem, treinamento, de relacionamento com os clientes, atividades contábeis e financeiras, etc.

Todo o esforço das áreas descritas acima, devemos salientar mais uma vez, é no sentido de manter a confiabilidade, a qualidade e a disponibilidade do sistema elétrico além da segurança patrimonial e humana.

Sistema de comunicações.

A interligação dos computadores dos centros de operação entre si é realizada por uma rede local de computadores – LAN. A interligação entre os centros é feita através dos sistemas de telecomunicações disponíveis. Historicamente a comunicação informática entre instalações começou utilizando rádios de comunicação que utilizavam como meio de transmissão, não o ar, como de costume, mas a própria linha de transmissão de potência que interliga as instalações. A comunicação via "onda portadora", o Carrier. A figura abaixo apresenta uma bobina de Carrier típica na entrada de uma subestação.

Bobina de Carrier

Neste sistema de comunicação o sinal é modulado em uma frequência muito mais elevada que a frequência de transporte de energia, de 50 ou 60 Hz. Este sinal é transmitido e recebido por um filtro eletrônico do tipo "passa alta" nas entradas e saídas das instalações. Este sistema é conhecido por transmissão em onda portadora ou *carrier*. O filtro de alta frequência instalado em cada lado da linha de transmissão na entrada ou saída de uma instalação é denominado de filtro ou bobina do *carrier*. A figura acima ilustra um exemplo da bobina de *carrier* na entrada de uma subestação.

Atualmente, com a chegada da tecnologia das fibras óticas, a transmissão de dados passou a ser realizada pelos cabos de aterramento, os cabos mais altos sobre as torres de transmissão de energia. Estes cabos são chamados cabos OPGW de "optical ground wire" por onde trafegam todos os sinais de comunicação, voz, vídeo, intranet e, eventualmente, até internet, que é comercializada pelas empresas de energia junto às empresas concessionárias de telecomunicações. A figura abaixo ilustra o posicionamento das camadas de um cabo OPGW.

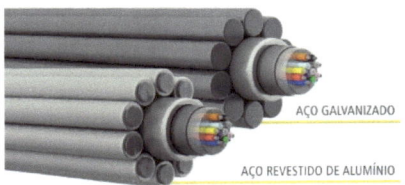

Cabo OPGW1

Atualmente, praticamente todas as empresas utilizam o protocolo TCP/IP para transmissão de dados, informações administrativas além das grandezas elétricas e de comando. É comum encontrar outros protocolos específicos embarcados em camadas do TCP/IP, principalmente na camada de aplicação além do uso de voice-IP, vídeo, etc.

Dos minicomputadores às redes locais.

Historicamente, os centros de operação regionais, COR e de sistemas, COS, eram dotados de minicomputadores, normalmente em pares para aumentar a disponibilidade das funções através da redundância. Um amontoado de programas, as vezes até escritos em linguagem Assembly eram oferecidos pelas empresas fornecedoras de centros de operação para implementar a supervisão e o controle do sistema elétrico nesses computadores. Não havia então sistemas comerciais de supervisão e controle e cada fabricante oferecia uma série de recursos para atender as exigências da operação segura. O desenvolvimento do software era "à la carte," implementado a partir de um documento, normalmente denominado "*análise funcional*" elaborado pela empresa contratada seguindo um "*projeto básico*" emitido pela empresa contratante segundo suas necessidades operativas e atendendo um projeto básico da empresa de energia. As características, o padrão de desenvolvimento do software e a implantação são negociados detalhadamente desde a aprovação até o desenvolvimento dos programas, testes e entrega para operação.

De forma a atender toda a funcionalidade exigida, os programas desenvolvidos precisam se comunicar entre si, com outros programas em outros computadores nas instalações através dos sistemas de comunicação e com equipamentos específicos como, por exemplo, GPS para sincronização horária, registradores gráficos, precisam se comunicar com o seu par, o computador que manteria a redundância, etc. Para conseguir um funcionamento harmonioso deste conjunto de programas o ambiente de desenvolvimento, isto é, o sistema operacional, os compiladores utilizados e as bibliotecas de software precisam atender conceitos informáticos tais como programação tempo real, time-sharing - compartilhamento de tarefas simultâneas pela(s) CPU(s), multiprogramação, reentrância, etc. Até o presente, pouco se fala sobre uso de orientação à objetos, encapsulamento e hereditariedade nos programas que realizam o trabalho pesado num centro de controle. Em geral, os programas e tarefas que compõem o núcleo de software de centros de controle são escritos em C, ANSI C. Mesmo C++ não é muito encontrado.

Hoje os centros de operação são dotados de um número maior que dois computadores para auxiliar na operação dos sistemas elétricos de potência. Normalmente são adotadas redes de computadores locais LAN – "*local area network*". Programas são duplicados ou multiplicados por diversos nós da rede para aumentar a redundância e estratégias de distribuição inteligente dos valores das grandezas elétricas por entre os diversos nós são adotadas para garantir a integridade da informação. Não podemos tolerar que a mesma grandeza seja encontrada com valores diferentes em diferentes nós, mesmo que por alguns milésimos de segundos.

Estas LANs, normalmente interligadas entre os diversos centros utilizando TCP/IP, produz uma WAN – "*wide area network*", utilizando os meios de telecomunicações disponíveis: rádio, banda larga, fibras ópticas, satélites, etc.

Necessidade de redundância.

Uma ferramenta utilizada para o controle de um sistema tão complexo como o sistema elétrico, onde riscos patrimoniais e humanos estão envolvidos deve ser uma ferramenta confiável, uma ferramenta sempre disponível, que suporte eventuais danos informáticos, seja de hardware, como defeitos de memória, superaquecimento de CPUs, etc. ou danos de software como esgotamento de memória RAM ou memória de disco, etc. Hoje em dia já se encontram centros de controle completos de reserva instalados em locais distantes de forma a poder assumir integralmente as funções de outro no caso de catástrofes naturais ou ações terroristas.

Redundância informática.

Para se defender, os centros de controle duplicam ou multiplicam as funções críticas de supervisão por entre os diversos nós da rede segundo uma estratégia que estabelece uma comunicação entre funções idênticas de forma que apenas uma se execute em determinado tempo e, na falta desta, outra função idêntica, em outro nó, seja automaticamente "acordada" para substituí-la, mas ainda utilizando os últimos dados da anterior. Isto exige uma comunicação rápida entre tarefas entre os diversos nós. A palavra *tarefa*, ou task em inglês, é normalmente utilizada para denotar um programa que se executa em tempo real.

Redundância de comunicação.

Da mesma forma, para aumentar a disponibilidade do sistema é comum se encontrar redundância entre as interligações dos computadores, seja na rede local LAN como na rede de área WAN. Esta última, devido ao alto investimento, não tem uso tão frequente. Em um sistema elétrico malhado, onde diversas subestações estão interligadas entre si e, portanto, se encontram diversos cabos OPGW, a redundância nas comunicações entre subestações pode ser mais facilmente implantada. Caminhos alternativos de comunicação aproveitando a capacidade de rotear a informação do TCP/IP são utilizados.

Segurança.

Os centros de controle, pela importância social, estratégica que têm, são sempre protegidos por razoáveis esquemas de segurança patrimonial, evitando ações de vandalismo e, mais recentemente, de terrorismo. Os centros de controle, bem como usinas e subestações fazem parte das preocupações de um país com a segurança nacional. Acesso controlado por biometria ou senhas, câmeras espalhadas pelos prédios, são exemplos de esquemas de segurança encontrados em centros de controle.

Segurança de alimentação de energia.

Uma instalação elétrica do porte de uma usina geradora ou uma subestação de energia não pode depender de fornecimento de energia. Na falta de alimentação normal das linhas de transmissão que alimentam uma subestação, são necessários sempre que se efetuem manobras em disjuntores e chaves seccionadoras de forma a recompor a subestação. Geradores alimentados de turbinas hidráulicas precisam de alimentação em corrente contínua para os enrolamentos de excitação de forma a fazê-las dar a partida dos geradores para produção de energia elétrica. Então tanto usina quanto subestação precisa necessariamente de uma alimentação alternativa. Este serviço é fornecido pelos denominados *serviços auxiliares*.

Serviços auxiliares das instalações.

Os serviços auxiliares são compostos por um conjunto não interruptivel de energia baseado num banco de baterias, um ou dois grupos motores geradores de energia a diesel e um sistema eletrônico de chaveamento de potência. Este conjunto disponibiliza 125 V, em corrente contínua, que alimenta os painéis de telecomando nas salas de comando nas subestações e usinas e fornecem a corrente de excitação dos geradores de energia, no caso de usinas. Por exigir menor investimento é, portanto, mais frequente, encontrarmos os centros de operação local nas próprias instalações, usinas ou subestações. Desta forma o sistema informático se beneficia da presença dos serviços auxiliares.

No-break e bancos de baterias.

Assim, quando há uma proximidade geográfica de um centro de controle com uma subestação ou outro tipo de instalação de energia, é comum que a alimentação do centro de controle seja aquela dos serviços auxiliares. Na falta deste é necessário utilizar um ou dois robustos conjuntos de no-breaks e um banco de baterias auxiliar para não permitir a parada das funções de um centro de controle. Este sistema de alimentação ininterrupta deve, obviamente, atender inclusive o sistema de telecomunicações. A utilização da estratégia de utilizar, além dos serviços auxiliares um backup de energia próprio é muito frequente em centros de controle.

Segurança informática.

O software desenvolvido para realizar as funções em um centro de operação deve ser um software de alta qualidade. Empresas de renome internacional especializadas em programação para controle e supervisão de sistemas são selecionadas para o desenvolvimento. Devemos lembrar que, no caso de fontes energéticas térmicas ou hidráulicas os equipamentos de alta tensão já oferecem riscos elevados para a segurança do ser humano. Em usinas térmicas nucleares então os riscos são ainda mais elevados. Software não seguro pode levar a catástrofes.

Robustez da programação.

Os programas ou tarefas (tasks) desenvolvidos para atender um centro de operação devem ser construídos com critérios rígidos de segurança e padronização. Programas com elevado número de comentários devem ser utilizados de forma a facilitar a sua compreensão por diversos programadores eventualmente contratados para manutenção e ampliação de software.

Normatização da programação.

Vícios de programação próprios de cada programador devem ser evitados também. Uso de variáveis de nomes curtos, como é comum encontrar, não pode ser usado. Ausência da adequada indentação em programas fontes dificulta sua leitura. É necessário sempre verificar a clareza e robustez nos programas ou tarefas que atendem um centro de operação. As grandes corporações de desenvolvimento de software podem ser fontes de normas de programação. (Microsoft, 2016)[2].

Segurança contra invasão.

Devem ser tomadas providências para impedir a invasão cibernética aos computadores dos centros de controle. Lembramos que a segurança de centros de controle é parte da segurança nacional. Na Ucrânia, um ataque cibernético deixou ¼ de milhão de pessoas sem energia dois dias antes do Natal de 2015 (Greenberg, 2017) [3].

Um livro clássico no Brasil que trás uma excelente discussão sobre sistemas elétricos é (Monticelli A. , 2011). Encerramos assim, a discussão básica sobre sistemas elétricos de potência. Esta introdução serve como base, pois ela descreve o objeto, a finalidade da existência de um centro de controle. A partir daqui, a discussão toma uma conotação menos elétrica e mais informática sobre o assunto tema.

Análise Funcional de um Centro de Operação.

A partir deste ponto começamos a descrever a funcionalidade típica de um centro de controle a partir da visão informática. É o centro de controle o sistema nervoso central de um sistema elétrico de potência. Ele sente a pulsação, ajustas suas condições, coordena seus movimentos e fornece defesa contra eventos exógenos. Na América do Norte os centros de controle passaram a ser implantados atendendo uma recomendação governamental de aumentar a participação de computadores no controle da rede elétrica após o blecaute de 1965. O Brasil seguiu este exemplo já no início da década de 1970.

Supervisão e controle – o SCADA.

SCADA, de Supervisory Control and Data Acquisition, é o termo consagrado para resumir as funções básicas de um sistema de controle de sistemas elétricos de potência. Os dois termos se confundem. SCADA é o nome dado ao conjunto de programas e funções básicas que se executam em um centro de operação

Uma feliz frase de um colega do Setor Elétrico Brasileiro define bem um SCADA: "Um sistema SCADA é os olhos e ouvidos do operador do sistema elétrico". Pedimos permissão para estender a afirmativa e adicionar as mãos. Ele permite sentir as alterações do sistema e oferece ainda a possibilidade de controlá-lo. A supervisão é realizada pela obtenção de dois tipos de grandezas descritas a seguir.

Supervisão analógica.

Centenas, frequentemente, milhares de captores analógicos entram em ação nas instalações. Conversores digital-analógicos produzem números binários inteiros proporcionais aos valores das grandezas elétricas nos pátios a partir da amostragem de valores de tensão de transformadores abaixadores de potencial ou de corrente, de transformadores de corrente, e outros sensores como de frequência, temperatura, vibração, nível de água, etc.

Período de amostragem.

Estas amostragens se dão de forma periódica sob o comando do software das UTRs, dos PLCs e, mais modernamente, dos próprios relés multifunção microprocessados. O intervalo de tempo entre amostragem varia de acordo com o tipo de grandeza analógica. A frequência de amostragem pode variar de alguns minutos, como, por exemplo, para sensores de temperatura, até alguns segundos, para medições de tensão e corrente até um a dois segundos para medição da frequência da rede. A amostragem também poderia se dar pela detecção da variação de cada grandeza. Neste caso ela deixaria de ser periódica. No limite, a amostragem poderia se dar sempre que pelo menos um bit do conversor A/D fosse alterado.

Variáveis calculadas.

Algumas grandezas, apesar da sua importância na supervisão, não são obtidas diretamente pelos sensores e conversores, mas são calculadas a partir de outras. É o caso, por exemplo, das potências ativa em MW, reativa em MVAR e as energias ativa em MVAh e reativa em MVARh que podem, por exemplo, ser derivadas das tensões e correntes.

Algumas vezes estes números binários inteiros proporcionais aos valores das grandezas já são convertidos pelos equipamentos informáticos responsáveis pela sua obtenção para uso local, mas, frequentemente, são transmitidas tal e qual para os centros de controle. Assim, um primeiro serviço de um centro de controle é realizar a conversão destes números inteiros em valores reais (ponto flutuante) para uso e armazenamento. A função de conversão é, na maioria esmagadora das vezes, linear.

[Valor real] = [valor binário] x [Fator de conversão] + [Constante de ajuste]

Como mostra a equação acima, as fórmulas de conversão são lineares na sua maioria esmagadora, uma equação de reta.

Amostragem periódica ou aleatória?

É interessante notar que, apesar da amostragem nos pátios ser periódica, para o centro de controle ela se comporta como se fosse aleatória, já que não é este quem dita os instantes de amostragem. Assim, um centro de controle deve ter poder de fogo computacional para atender a chegada aleatória de milhares de números binários inteiros representando, cada um deles, uma grandeza no campo. Utilizamos a palavra campo para designar usinas e subestações, tudo que vem dos pátios das instalações.

O erro de medição e segurança.

A figura abaixo ilustra o processo de amostragem de cada variável analógica no campo. Por exemplo, uma tensão na linha em 69.000 volts é abaixada par alguns volts pelo transformador de entrada. Esta tensão então, proporcional à alta tensão, é filtrada pelo filtro passa-baixa, representado pelo circuito RC. O valor resultante, então já filtrado, passa por conversor digital que converte este nível de tensão em um número inteiro binário.

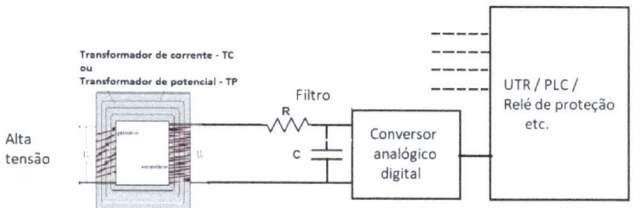

Tratamento sofrido pelas grandezas elétricas na aquisição

Note-se que, a evolução das grandezas elétricas como a tensão e corrente é uma evolução senoidal. O valor medido não é, portanto, o valor instantâneo nem o valor de pico, mas o valor eficaz, denominado valor RMS, aproximadamente 70 % do valor de pico da onda senoidal. Veja a curva abaixo.

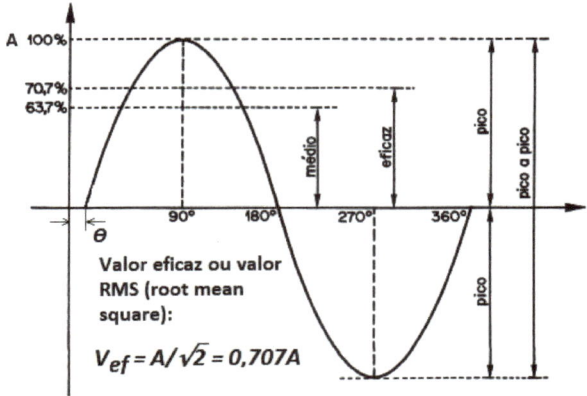

Cálculo do valor eficaz de uma grandeza senoidal

O erro de medição depende de alguns fatores. Da qualidade e precisão dos transformadores abaixadores de tensão ou potencial, TP e correntes TC. Afigura abaixo ilustra um banco de TPs e TCs.

Transformadores de corrente e potencial

O envelhecimento deles pode ser uma preocupação. Outra fonte de erro é oferecida pelo circuito elétrico antes do conversor analógico-digital, normalmente, um filtro RC, do tipo "passa-baixa", como mostrado na figura. A precisão, mais dependente da resistência do que do capacitor, pode comprometer a precisão da medida. Normalmente, se usam componentes com 5 % de erro. Um terceiro erro na medição é devido ao número de bits utilizados pelo conversor analógico digital. Atualmente se usa conversores de 12 bits, onde se pode conseguir números que variam entre 0 a 1111.1111.1111, em notação binária ou, entre 0 e 4095 em notação decimal. Assim, por exemplo, para uma tensão de 230.000 volts, cada bit corresponde a 230.000/4095 = 56,16 V. O conversor digital introduz um erro máximo de 1,78 %, ou, um erro de 56,16 volts. Ou seja, um erro de 56 V para cada bit do conversor A/D. Ou 0,024 %, o que não chega a ser um erro considerável. No caso ainda muito frequente do uso de conversores de 8 bits, onde o numero binário varia entre 0000.0000 até 1111.1111, ou 0 a 255 em notação decimal, este erro, em 230 kV passa a ser 901,96 volts, já apreciável valor próximo de 1 kV. Em percentagem este erro é de 0,39 %. O que é ainda um erro tolerável para operação em regime permanente.

Além disso, na tentativa de evitar o risco de uma variável chegar com valor não confiável no centro de operação, é comum utilizar o que se chama de erro de fundo de escala. Aquele que era observado nos medidores de ponteiro quando o valor da grandeza era tão alto que o ponteiro colava no máximo da escala do medidor. Para conseguir isto, o conversor A/D é ajustado para trabalhar apenas numa faixa razoável da medida em questão. Então, por exemplo, supondo que a grandeza a ser medida é uma tensão de 69.000 volts, o conversor é ajustado para que o valor máximo oferecido pelo conversor esteja bem acima de 69.000. Normalmente, eletricamente, uma linha de 69 KV jamais ultrapassará 73.000 porque, antes disso, o sistema de proteção de sobretensão já teria atuado desligando a linha. Pelo outro lado da escala, não tem sentido a tensão em uma linha de 69.000 volts atingir um valor menor que 65.000 volts (estes valores são apenas um exemplo e não são os valores reais de máximo e mínimo de uma linha de 69 KV), porque antes, a proteção de subtensão já teria atuado e desligado a linha. Assim, o conversor é ajustado para converter de 65.000 até 72.000 valores abaixo daquele ou acima deste implicam um erro de conversão e a variável é considerada então *inválida*. Ela não pode ser considerada para uso no centro de controle. Por outro lado, para um conversor de 12 bits o erro cairia para 0,02 %.

Tratamento.

Já devemos então ter observado que, a informação do valor de uma variável no campo para o centro de controle não é realizada apenas pela transmissão do valor amostrado. É necessário que as mensagens que transportem estes valores também informem alguns outros dados sobre esta variável. Por exemplo, a qual grandeza no campo está relacionada esta variável. Chama-se isso de *endereço no campo*. Um flag pode ser utilizado para informar se esta variável tem um valor dentro do intervalo permitido pelo captor ou se a variável é inválida. Mais modernamente, com o crescimento exponencial da capacidade de processamento dos microprocessadores, até mesmo o instante de amostragem, com a precisão de datação oferecida pelo GPS da instalação, pode transmitido para o centro de controle. O advento da medição fasorial síncrona que será discutida mais em detalhe à frente veio a permitir esta facilidade. Assim, uma trama de informação contendo o valor de uma variável contem vários outros dados ou informações associados.

O que o centro de controle faz então?

As variáveis então, uma a uma, no instante em que são recebidas no centro de controle, sofrem os seguintes tratamentos:

As variáveis são armazenadas em memória. – Normalmente as variáveis analógicas são armazenadas em memória volátil na medida em que são recebidas. Dada a enorme quantidade de variáveis que podem estar chegando do campo, o centro não pode se dar ao luxo de armazenar estas variáveis em bancos de dados, mas em bases de dados residentes e distribuídas confiavelmente entre os diversos nós da rede local. Naturalmente, não apenas seus valores são armazenados como os outros parâmetros já discutidos, como o flag de invalidade e ainda outros a serem discutidos à frente.

As variáveis são oferecidas aos operadores. – Programas de animação gráfica em telas, de apresentação de diagramas unifilares, programas de desenho, de curvas em terminais ou registradores gráficos, podem ser usados então para consultar os valores de cada variável disponível em memória "navegando", como na internet, convenientemente por entre as instalações.

As variáveis são armazenadas em bancos de dados SQL. – Da mesma forma, as variáveis ficam disponíveis para serem consultadas periodicamente, normalmente a períodos muito superiores àqueles da amostragem, por programas especializados em criar uma história analógica das variáveis do sistema elétrico. Bancos de dados Oracle, PostgreSQL, MySQL, por exemplo, são utilizados para tal.

As variáveis são retransmitidas para outros centros. – No instante da sua chegada, a função de coleta de dados do campo já providencia a entrega dos valores recebidos para outras funções encarregadas de por sua vez, utilizando protocolos de comunicação detalhados mais à frente, retransmiti-las para outros centros de operação.

Propriedades de uma variável analógica.

Dezenas de propriedades são atribuídas as variáveis analógicas. Essas propriedades são atualizadas no instante da sua chegada do campo. São essas qualidades numéricas em valor real ou valor binário, atribuídas a cada variável, que aumenta o número de informações e sua influência na qualidade da operação do sistema elétrico. O número de propriedades varia para cada centro de controle. Abaixo descrevemos algumas das propriedades mais encontradas.

Limites operacionais – Em geral são atribuídos limites operacionais para cada variável analógica. Como elas representam grandezas ligadas aos equipamentos como, por exemplo, uma tensão na barra de uma subestação, a corrente no enrolamento primário de um transformador etc., estes limites normalmente são informados pelo próprio fabricante dos equipamentos ou são ditados pela experiência operativa ou porque, apesar de eventualmente não comprometerem nenhum equipamento específico, esta propriedade ou estado pode comprometer o comportamento do sistema elétrico de potencia como um todo. Por exemplo, uma tensão elevada numa barra de subestação não danifica a barra da subestação, mas compromete a estabilidade do sistema elétrico. Normalmente são atribuídos limites operacionais superiores e inferiores, se necessário. Até três limites superiores e três limites inferiores são atribuídos frequentemente a cada variável analógica, podendo expressar o grau de gravidade que o valor do limite, se alcançado, pode representar. O exemplo abaixo ilustra a utilização definida para um par de limites superiores e inferiores atribuídos a uma variável de tensão em uma linha de transmissão.

- Limite superior de advertência – valor que, se atingido, representa o risco do sistema elétrico estar se dirigindo para próximo de uma situação de instabilidade. Este valor, se atingido, deve colocar os operadores do sistema elétrico em estado de alerta.
- Limite superior de urgência – valor que, se atingido, indica que alguma ação deve ser tomada para redução do valor da tensão, pois o risco de instabilidade é iminente. Os operadores devem conversar entre si, examinar as diretrizes operacionais ou simplesmente utilizar de sua experiência para decidir qual a ação ou ações devem ser tomadas para reduzir o valor da tensão para um valor normal.

A interpretação operativa a cada limite depende assim, do tipo de variável a ela associado.

Naturalmente que os valores destes limites são dados estáticos ou metadados. Isto é, eles devem ser informados na base de dados fonte antes do lançamento do sistema ou pelo operador quando lhe parecer adequado do ponto de vista operativo.

A advertência ao operador da ultrapassagem de um limite de operação normalmente se dá de várias maneiras. Um alarme sonoro pode ser produzido pelo SCADA atribuindo um tom distinto para cada um deles representando a gravidade do problema. Uma linha de advertência pode ser gerada nos arquivos de alarme e arquivos de SOE descrevendo o problema.

Este arquivo pode ser visualizado eventualmente por uma aplicação disponível ao operador e, finalmente, em algum diagrama unifilar que, eventualmente esteja sob a observação do operador, esta variável pode ter sua cor alterada para uma cor convencionada para indicar que ela ultrapassou o limite superior de urgência. A cor amarela para indicar a ultrapassagem de limite superior (ou inferior) de advertência e a cor vermelha, indicada para sinalizar uma ultrapassagem de limite superior (ou inferior) de urgência são escolhas frequentes.

Pode haver necessidade de reconhecimento do alarme sonoro gerado ou ele pode ser de curta duração e se desligar automaticamente sem necessidade de ação do operador.

De forma a não incomodar o operador nos casos em que uma variável fique passeando em torno de algum dos limites superiores ou inferiores, é comum que outra propriedade também seja atribuída a cada variável analógica. A histerese.

- o **Histerese** – um valor estabelecido acima ou abaixo de cada um dos limites operacionais em que, uma vez que o valor tenha sido ultrapassado, o SCADA ignora seu tratamento.

A figura abaixo ilustra o tratamento realizado pelo SCADA como parte do tratamento de cada variável analógica. É comum atribuir valores impossíveis aos valores de limites superiores ou inferiores cuja ultrapassagem não traga risco operativo. Por exemplo, a temperatura de enrolamento em valor muito baixo é até benéfico ao transformador associado.

É frequente que um SCADA disponha até de três limites superiores e três limites inferiores além do valor da histerese.

Dada a quantidade razoavelmente grande de variáveis a tratar, um exaustivo trabalho de escritório é oferecido aos responsáveis por preparar a base fonte apenas para preencher todos os valores dos seis limites e mais a histerese para cada variável. Além do trabalho manual de preenchimento, uma consulta detalhada das propriedades do sistema elétrico se faz necessário para seu preenchimento.

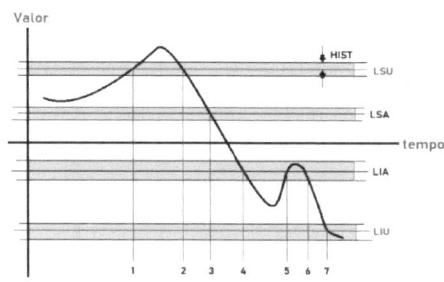

Tratamento sofrido por uma variável com relação aos seus limites associados

Para os sistemas já em funcionamento por um tempo, onde dados do seu comportamento já foram armazenados, uma proposta de preenchimento automático "à priori" considerando que os fenômenos se aproximam de uma distribuição normal é proposto em (Martins D. A., 2018).

- *Propriedades lógicas de variáveis analógicas* – Várias propriedades de apenas dois estados podem ser associadas a cada variável analógica. Estes estados, normalmente agrupados em um *stream* de bits, são normalmente estados dinâmicos preenchidos pelo SCADA como parte do tratamento das variáveis analógicas. Por exemplo, algumas propriedades lógicas utilizadas em centros de controle são:
  - Bit de invalidade – indicando se a variável tem seu valor confiável ou não.
  - Causas da invalidade – bits adicionais, relacionados ao bit de invalidade que

especificam a causa da invalidade, por exemplo, defeito captor, sistema de comunicação inoperante, variável nunca foi recebida no centro de controle etc.

o Bit significando que o valor da variável não foi atualizado pelo valor proveniente do campo, mas por um valor inserido, por conveniência operativa, pelo próprio operador.

Supervisão digital.

Um segundo tipo de grandeza processada em um centro de controle é a grandeza digital ou binária. São necessários apenas dois valores para representá-la. Um e zero, 1 e 0, representando cada um deles o estado de uma chave, um disjuntor, o estado ligado/desligado de uma bomba, o estado de atuação de um relé de proteção, atuado/não atuado, etc. São as variáveis lógicas. No continente americano normalmente se usa o valor da variável a "1" para representar "fechado/atuado/ligado/funcionando..." e valor da variável em zero, "0", para "aberto/desligado/não atuado/parado... ".

Diferentemente das grandezas analógicas, entretanto, as variáveis lógicas são capturadas pelas UTRs ou PLCs ou relés de proteção no instante em que elas ocorrem. Assim, normalmente se associa a variação de uma entrada lógica ao sistema de interrupção do instrumento de aquisição de forma a capturar não só seu novo valor, mas também o instante em que esta alteração ocorreu. Isto não é uma exigência apenas de transmiti-la para o centro de controle. A discussão histórica anterior sobre "*data loging*" ou SOE já ilustrava que a cronologia dos eventos e alarmes numa instalação é a ferramenta básica de análise dos especialistas em proteção. Assim, mais um parâmetro precisa ser adicionado a uma variável lógica. O instante da sua ocorrência.

Outros bits podem ainda ser associados a cada variável lógica. Normalmente, como para as variáveis analógicas, um *stream* ou sequência de bits é associado a cada variável lógica representando estados ou propriedades, quase sempre dinâmicas da variável. Assim é que é comum se encontrar um bit indicando que a variável está em substituição, um bit de invalidade e suas causas, etc.

A cronologia dos eventos.

Temos aqui um novo problema para os centros de controle. Como manter a cronologia entre eventos ocorridos em instalações diferentes? A distância geográfica entre as subestações e usinas pode alcançar facilmente centenas de quilômetros. Como sincronizar os instrumentos de aquisição como UTRs, PLCs, relés, etc. entre as diferentes instalações? Este problema ficou pendente até o advento do GPS – Global Positioning System. Os GPSs, mesmo aqueles mais antigos, pelo fato de se utilizarem de satélites para fornecer as coordenadas geográficas e altitude, também forneciam um pulso de sincronização a cada mudança de segundo e, de quebra, a hora universal, aquela do meridiano de Greenwich. A hora UTC. Desta forma, apesar das mensagens carregando informações lógicas não chegarem necessariamente na sequência cronológica, por causa dos inevitáveis atrasos nos equipamentos de comunicação que nunca são uniformes ou constantes. A cronologia real dos eventos e alarmes pode então ser reconstituída pelo processamento conveniente, a ordenação cronológica das mensagens de alarmes e eventos. Um exemplo de lista de eventos (soe) é mostrado abaixo.

```
00:08:11.354   SDMR3456KL   ACTUATED   SDMR3456KL 86 Protection
00:19:12.568   SDDJ704POS   OPENED     SDDJ7-04 Position Breaker
01:19:12.568   GUA6KV001    ULT LIM    GUA6KV001 Guama 69 KV bus 1
02:19:12.568   GUA6KV002    INVALID    GUA6KV002 Guama 69 KV bus 2
```

O erro de medição e segurança.

O estado de alguns equipamentos, representados pelas variáveis lógicas, refletem, não um estado elétrico, mas um estado mecânico. O posicionamento mecânico de fim de curso, tanto para aberto quanto para fechado, em uma chave seccionadora é informado ao centro de controle através de relés auxiliares colocados nas posições de fim de curso mecânico de disjuntores e chaves. Dada a importância destes equipamentos de configuração das instalações, cuja dúvida do seu estado pode implicar em graves consequências patrimoniais e humanas, costuma-se associar duas variáveis lógicas complementares para representar os estados aberto e fechado. Assim, se uma chave seccionadora está aberta, as variáveis lógicas complementares apresentam o valor 01, onde "0" informa que o relé de fim de curso fechado está desligado e "1", que o fim de curso aberto está fechado, e vice versa. Assim, se estas duas variáveis estiverem com valor "11", ou "00", significa que a chave está transitando ou bloqueada. Isto é, não está aberta nem fechada. Uma temporização pode então ser utilizada para tolerar um tempo máximo de manobra e, quando ultrapassado, considerar que a variável está inválida. O que, neste caso, significa que a chave seccionadora travou no meio do caminho. A mesma tática é utilizada também para os disjuntores. Para disjuntores, este tempo máximo pode ser da ordem de milésimos de segundo. Para as chaves seccionadoras, entretanto, ele pode ser de até dezenas de segundos.

Da mesma forma que para as grandezas analógicas, as grandezas lógicas sofrem, normalmente, o seguinte processamento:

As variáveis são armazenadas em memória. – As variáveis lógicas são armazenadas em memória volátil na medida em que são recebidas. Dada a enorme quantidade de variáveis que podem estar chegando do campo, o centro não pode se dar ao luxo de armazenar estas variáveis em bancos de dados, mas em bases de dados residentes e distribuídos confiavelmente entre os diversos nós da rede local. Aqui, além do flag de invalidade, o instante da ocorrência também é armazenado. Normalmente a precisão de ±1 milésimo de segundo é suficiente para análise da proteção. Ainda outros parâmetros também são utilizados e serão discutidos à frente. Uma relação razoável entre o número de variáveis analógicas para o número de variáveis lógicas em um sistema elétrico de potência é da ordem de 10 vezes. Para cada conjunto de 10.000 variáveis analógicas é comum encontrar um conjunto de 100.000 variáveis lógicas supervisionadas.

As variáveis são oferecidas aos operadores. – Programas de animação gráfica em telas, de apresentação de diagramas unifilares, tabelas, listas de eventos e alarmes em arquivos texto estarão disponíveis para consulta, etc.

As variáveis são armazenadas em bancos de dados SQL. – As variáveis armazenadas também são enviadas para programas de atualização de bancos de dados para armazenamento estruturado, muito provavelmente, entretanto, não na cadência em que chegam mas a intervalos de consulta à base de dados em memória da ordem de até minuto. Bancos de dados Oracle, PostgreSQL, MySQL, por exemplo, são utilizados para o armazenamento dos dados lógicos. Neste caso, a amostragem não é mais periódica e o número de linhas em tabelas dos bancos de dados SQL pode crescer bastante quando algumas variáveis variarem seguida e intempestivamente. Felizmente, as variáveis lógicas não ficam mudando de estado com tanta frequência. Assim, avalanches de valores só ocorrem no lançamento do SCADA que compõe o centro de controle ou do SCADA utilizado em cada instalação, quando todas as variáveis são transmitidas ao centro de controle.

As variáveis são retransmitidas para outros centros. – No instante da sua chegada, a função de coleta de dados do campo já providencia a entrega dos valores recebidos para outras funções encarregadas de, por sua vez, utilizando protocolos de comunicação detalhados mais à frente, retransmiti-las para outros centros de operação. Aqui, as mensagens necessariamente carregam a data da ocorrência de modo a manter a cronologia entre os diversos centros de operação.

Em alguns centros se pode ainda encontrar uma terceira representação numérica, ou tipo de grandeza. Um número inteiro representando o valor de um *contador de energia*, como os que encontramos nos nossos medidores de energia domésticos. À essas grandezas normalmente se associam números inteiros circulares e não negativos, exatamente como nossos medidores de energia caseiros.

Funções de comando do sistema elétrico.

Na sigla SCADA, a letra C é de controle. Um centro de controle auxilia os operadores a governar o sistema elétrico de potência sob sua responsabilidade. É a partir dos centros de controle, sejam locais ou remotos ou do sistema, que emanam as ordens de reconfiguração e ajustes ao sistema elétrico. A palavra comando aqui se confunde com a palavra telecomando. Um telecomando é um comando remoto.

Basicamente são usados três tipos de comando:

Comandos lógicos – São os comandos de configuração. Normalmente de reconfiguração do sistema elétrico. Ele se dirige às chaves seccionadoras durante ações de manutenção e, mais frequentemente, aos disjuntores das subestações e usinas. Um comando lógico pode ainda ser realizado para um reset de relés de bloqueio, que garantem a segurança e são utilizados comumente como estratégia adicional de proteção do sistema elétrico. Algumas empresas delegam o telecomando de chaves seccionadoras apenas aos operadores das instalações que é onde se passam as ações de manutenção. Isto aumenta a segurança. Salvo, naturalmente, quando são ou estão desassistidas.

Comandos analógicos – São comandos mais raros de encontrar no sistema elétrico. Eles normalmente são utilizados para estabelecer níveis energéticos de operação. Por exemplo, para estabelecer a potência base de geração em uma usina.

São encontrados, por exemplo, nas funções de CAG – controle automático de geração. Comandos de ajuste de reativo em equipamentos como compensadores síncronos, às vezes, utilizam pulsos de largura proporcional ao aumento ou diminuição de reativo na instalação.

Comandos de TAP – Os TAPs de transformadores são chaves eletromecânicas de múltiplas posições que ajustam o número de espiras, normalmente no primário dos transformadores de forma a obter uma relação de transformação diferente. Assim, por exemplo, um transformador de 69 para 230 kV, através da alteração da posição do TAP pode mudar a relação de 69 → 230 para 69 → 232 kV. Os comandos de TAP podem ser analógicos, mas em geral são comandos lógicos em pares. Um comando lógico no sentido de aumentar a tensão no secundário e um comando lógico no sentido de diminuir a tensão no secundário. É frequente encontrar na subestação, o comando de TAP traduzido por uma onda quadrada de duração fixa de forma a efetuar o comando como um pulso no ponto que faz o TAP aumentar a tensão ou no ponto em que faz o TAP diminuir a tensão. São raros os telecomandos puramente analógicos. Por exemplo, o envio da potência de base para uma usina geradora.

Normalmente se estabelece uma hierarquia entre os operadores dos diversos centros de controle interligados de forma a dividir as ações de controle entre eles. Assim, por exemplo, um operador de um centro de controle local não efetua manobras de disjuntores no campo. Apenas pode acompanhá-las e conferir se realmente foram efetuadas pelo centro de controle central, salvo quando de emergências ou perda de comunicação. Da mesma forma, as ações de ajuste de equipamentos de regulação de tensão, normalmente são efetuadas pelos centros de controle de área ou regionais pelo fato de que a percepção mais genérica devido a observação de diversas subestações simultaneamente e a evolução energética de toda uma a área ou região facilitam as decisões. No Brasil, o controle de tensão e de fluxos energéticos entre empresas é ditado pelo Operador Nacional, mas este não atua diretamente sobre TAPs de transformadores. Estes comandos são delegados às empresas concessionárias.

Em algumas empresas os telecomandos de chaves seccionadoras ficam sob a responsabilidade do operador do centro de controle local da subestação já que a manobra de chaves, normalmente se dá quando ocorre para efetuar o isolamento de uma área no pátio da subestação quando de um trabalho de manutenção no campo. As chaves basicamente são equipamentos de isolação elétrica para evitar riscos de descarga devido às elevadas tensões envolvidas. Como normalmente a responsabilidade do trabalho de manutenção no campo é do operador local, que a coordena, então ele fica encarregado de fazer as manobras de seccionadoras enquanto que o operador do centro de controle remoto fica com a responsabilidade de comando de disjuntores. Além disso, além da utilização de duas variáveis para aumentar a segurança na observação do posicionamento de chaves, como se tratam de equipamentos muito grandes, pesados, da ordem até cinco ou seis metros e que trabalham a céu aberto, e de manobra não muito frequente e, portanto, muito mais sujeitos ao emperramento, o operador local pode, dependendo da posição da sala de comando com relação ao pátio, observar visualmente seu estado e verificar se a chave não travou no meio curso.

Arco voltaico na abertura de uma chave seccionadora

A figura acima ilustra a tentativa de fechar uma chave seccionadora com ambos os terminais energizados.

O peso do TCP/IP na eficiência do telecomando.

O uso de fibras óticas na interligação entre instalações e os centros de operação veio a permitir que as manobras de reconfiguração das subestações, as partidas e paradas de máquinas na geração e a recomposição do sistema no caso de severas perdas pudessem ser efetuadas a partir dos centros de controle. O protocolo de comunicação mais utilizado para realizar estas conexões é o TCP/IP. Sabe-se que este protocolo é altamente robusto no que diz respeito à qualidade da informação que ele transporta, assim, a possibilidade de enviar um telecomando para um elemento no campo e não atingi-lo é praticamente descartada. Seria como se eu recebesse um e-mail não direcionado a mim. Por outro lado, o TCP/IP não se preocupa absolutamente pelo tempo de comunicação.

O TCP/IP foi projetado com vistas a segurança, disponibilidade, alternativas de tráfego e etc. Entretanto, somos obrigados a garantir uma alta velocidade de transmissão ou banda passante larga para que o telecomando atinja o elemento em um tempo confortável ou, pelo menos, imperceptível pelo operador para comandos de disjuntores já que estes manobram em tempos da ordem de milésimos de segundo.

Para o telecomando de chaves seccionadoras, a espera é inevitável. A manobra de chave seccionadora, entretanto, não é realizada muito frequentemente durante recomposição de sistemas, salvo em casos que exijam uma preparação mais detalhada de alternativas de recomposição.

De qualquer forma é altamente aconselhável manter o sistema de comunicação do sistema elétrico em rede separada da rede onde trafegam dados administrativos da empresa. Assim, como o protocolo TCP/IP oferece a garantia de que a mensagem correta atinge o alvo correto, mas não garante um tempo máximo para que isto ocorra e, como este tempo está associado a ocupação de banda, é prudente deixar os canais de comunicação dedicados a operação separados de todos os outros. Isto já é também uma garantia de dificultar invasões cibernéticas.

Não é incomum se encontrar a mensagens ligadas ao envio de telecomando e recepção de respostas de atuação e da proteção associada que utilizam camadas mais baixas do TCP-IP como, por exemplo, a camada de rede para reduzir o tempo de tráfego das respectivas mensagens.

Nos centros de controle das instalações, a troca de mensagens com os equipamentos no campo, responsáveis pela aquisição e acionamento de equipamentos, tais como PLCs, Multimedidores, Relés digitais e UTRs, normalmente é realizada por protocolos de comunicação proprietários e, muito frequentemente, em meios de comunicação por pares de fios, fibras óticas dedicadas, etc. Estes protocolos proprietários, nem sempre bem documentados e às vezes não normatizados, devem ser conhecidos pelo equipamento informático que compõe o centro de controle. Até o final do século passado, cada relé, controlador, medidor numa instalação que atendesse a vários objetos de supervisão e comando precisava se interligar com o SCADA através do seu protocolo próprio. Isto obrigava ao SCADA "falar várias línguas". Além disso, como cada protocolo utilizava seu próprio meio de comunicação, por exemplo, cabo RS232, cabo de comunicação RS485, fibra ótica dedicada, etc. Hoje em dia, praticamente todos os equipamentos de campo utilizam uma única rede de fibras óticas para comunicação. Isto veio simplificar muito a fiação e aumentar a confiabilidade e interoperabilidade. Normalmente é selecionado o TCP/IP como portador dos diversos protocolos que se utilizam de *sockets* definidos para separá-los em serviços diferentes. A comunicação via TCP/IP, supõe a utilização de dois números de IP, um para cada computador, um número de *socket* comum aos dois e, finalmente, um protocolo, um conjunto de regras de comunicação, para a troca de mensagens. Exemplos de números de socket para protocolos mais utilizados na internet são 21 para o protocolo FTP, 440 para o protocolo HTTP. Aqui cabe uma observação, o protocolo TCP/IP já é por si, um protocolo que garante a comunicação segura entre dois dispositivos, entretanto, todos os protocolos que se utilizam do TCP/IP como transporte também são dotados de códigos de verificação de erro (checksum), mensagens de confirmação, etc. Há assim grande redundância na segurança da comunicação. O SCADA SAGE de fabricação do Cepel (http://sage.cepel.br) suporta os protocolos listados abaixo. Alguns são normatizados, outros proprietários.

- *IEC/61850*

    Hoje em dia a interoperabilidade dos equipamentos informáticos que supervisionam e controlam uma rede elétrica só é garantida por protocolos padronizados. O protocolo IEC 61 850 é um protocolo que garante isto. Além de ser um moderno protocolo de comunicação orientado a objeto, o que descomplica sua implantação, este protocolo também oferece o uso de mensagens chamadas GOOSE (Generic Object Oriented Substation Event) que, sem a necessidade de utilização de fiação adicional e específica oferece uma comunicação de alta velocidade ainda que sob o paciente protocolo TCP/IP. GOOSE utiliza a camada de aplicação número 2 do padrão OSI, by-passando outras camadas e assim permitindo, por exemplo, comandos de atuação de relés em disjuntores em alta velocidade. Proteção sistêmica pôde assim ser contemplada a partir de centros de controle locais ou até mesmo regionais.

- *TASE.2 / ICCP-MMS*

TASE.2 é um protocolo que foi projetado sob as premissas de segurança, baixo custo de componentes e de instalação, interoperabilidade, custos de treinamento, suporte disponível pelo fornecedor e para uso geral em soluções industriais. TASE,2, parte da "Utility Communications Architecture" – UCA, é descrito em três documentos: IEC 60870-6-503 para serviços e protocolo, 802 para modelos de objeto e 702 para o perfil de aplicação. O padrão TASE.2 é também conhecido como "Inter-Control Center Communications Protocol" ou ICCP. Ele começa a ser utilizado pesadamente como protocolo de comunicação entre centros de operação, sejam locais, regionais ou de sistemas na indústria de eletricidade. O SCADA SAGE do Cepel contempla os blocos 1, 2, 3, 4, 5 e 7 - protocolo ICCP e biblioteca MMS nativos.

- **OPC UA (IEC 62541)**

Existem atualmente mais de 22.000 produtos no mercado oferecidos por mais de 3.500 companhias que fornecem este protocolo de comunicação. É um protocolo orientado a serviços e não a objetos. O SCADA e SEM SAGE disponibiliza servidor e cliente para aplicações externas que fornecem acesso a objetos e variáveis dos modelos.

- **IEEE C37.118**

Este é um protocolo que vem mais recentemente sendo bastante utilizado para uma eficiente aquisição e distribuição de dados de medição fasorial sincronizada. Ele vem normalmente embutido como um serviço nas unidades de medição fasorial, PMU (Phase Meter Unit) como servidor de medição e deve estar presente nos centros de controle como clientes. Ele utiliza os serviços TCP para os diálogos iniciais de conexão e o serviço UPD, mais rápido e anônimo para a transmissão espontânea de dados. É um protocolo moderno que utiliza uma ligação com GPS para datar conveniente e sincronamente valores analógicos de tensão juntamente com seus ângulos de fase. O ângulo de fase, como ainda será discutido em mais detalhe à frente, é uma informação fundamental para, quando comparada em diversos pontos, indicar com alguma antecedência, a proximidade do estado do sistema elétrico de potência de uma região de instabilidade. Outras grandezas também são adquiridas por uma típica PMU, aproveitando seus modernos conversores analógico-digitais como, por exemplo, a frequência da rede elétrica com razoável precisão. Uma descrição mais detalhada sobre medição fasorial síncrona e sua ligação com os centros de operação será descrita ainda neste documento.

- *IEC 60870-5-101*

O protocolo conhecido no meio mais simplificadamente por protocolo 101 é de amplo uso em transmissão de dados de sistemas elétricos de potência. É um padrão criado na década de 1990 e vastamente utilizado no Setor Elétrico. É um protocolo serial em RS232 utilizado para transmissão em baixa velocidade (de 9600 BPS até, hoje em dia, os fantásticos 64.000 BPS) em modo balanceado e não balanceado.

- *IEC 60870-5-103*.

Da mesma família do anterior mas especializado em comunicação com equipamentos de proteção.

- *IEC 60870-5-104*.

Mesmo dos anteriores, mas permite utilizar o protocolo TCP/IP como meio de comunicação.

- *DNP V3.0*.

O protocolo DNP foi desenvolvido para comunicação com subestações e outros dispositivos eletrônicos. Suporta aplicações de telecontrole e é muito utilizado até os dias de hoje pela indústria de potência nos Estados Unidos. Originário da Harris, hoje é mantido, atualizado e suportado por um grupo de usuários, DNP User Group.

- *MODBUS*.
  Originalmente desenvolvido pela Modicom nos anos 1980, por causa da sua simplicidade, se tornou um padrão de fato. Suporta comunicação via serial e TCP/IP. Oferece duas codificações para dados, RTU onde os dados são codificados em binário e ASCII onde os dados são codificados em ASCII, mais legíveis para quem se ocupa de ler mensagens que trafegam entre dois equipamentos.
- *SNMP*
  Sua sigla vem de "Simple Network Management Protocol". Não é utilizado como protocolo para codificação de dados elétricos mas é muito utilizado para supervisão e controle dos equipamentos (computadores) que controlam o sistema elétrico tais como roteadores, switches, estações de trabalho, desktops, etc.

Outros protocolos, menos frequentemente encontrados são: *CONITEL C-3200, MICROLAB / STD, ALTUS AL-1000, Leeds & Northrup LN-57 e Allen Bradley 1771.*

É necessário então que os centros de controle tenham implantado e ofereçam acesso a uma gama enorme de protocolos de comunicação para atender a babel de equipamentos, instrumentos de medição, equipamentos de proteção, medidores e unidades terminais remotas de diversos fabricantes. As dificuldades de uniformização no entendimento das diversas características descritas nas normas dos diversos protocolos produzem comumente um documento denominado de "User Companion", também conhecido como "profile" onde cada fabricante indica claramente quais os aspectos e mensagens são ou não são suportados pela sua versão desenvolvida. Isto simplifica as discussões sobre as dificuldades de interpretação das diversas mensagens e funcionalidades descritas nas normalmente longas documentações completas de cada protocolo quando duas empresas iniciam as tentativas de estabelecer a comunicação entre seus equipamentos.

Proteção sistêmica.

A qualidade da comunicação foi tão aumentada com o uso de fibras óticas que empresas já usam programas específicos, inclusive utilizando linguagem artificial, para realizar a recomposição automática de sistemas elétricos abrangendo grandes regiões. Já se encontram também, atualmente, funções de proteção sistêmica. Funções disseminadas por vários centros de controle, que se comunicam utilizando estratégia para implantar a recomposição automática não mais de uma instalação, mas um grupo delas, expandindo assim o conceito tradicional de proteção do equipamento ou da instalação para proteção sistêmica. O uso de inteligência artificial em centros de controle ainda será discutido em mais detalhe neste documento.

Serviços de supervisão oferecidos por um SCADA.

A partir daqui, começam a se confundir o termo centro de controle de sistema elétrico de potência com o termo

SCADA. Um centro de controle normalmente é um SCADA. A seguir são descritas as funções de supervisão normalmente oferecidas pelo SCADA. Um conjunto básico de funções é comum a todos os SCADAs. Há variações em técnicas e formas de oferecer as funções descritas a seguir. Elas variam para cada fornecedor de SCADA.

É necessário organizar a informação, dados lógicos, dados analógicos, quais as funções estarão disponíveis no SCADA, qual a topologia informática do SCADA, quantas e quais as instalações serão atendidas, quais variáveis e seus atributos serão tratados para cada instalação, quais os protocolos de comunicação serão utilizados para cada uma das instalações, etc. Em outras palavras, é necessário parametrizar o SCADA antes de colocá-lo em funcionamento.

Dados estáticos ou metadados e dados dinâmicos.

Dois tipos de bases de dados normalmente são geradas para a definição de um centro de controle. Uma base de dados de parametrização off-line e uma base de dados dinâmica, on-line, oriunda da primeira. Esta última, predominantemente composta pelas informações do sistema elétrico e sua evolução. Dados de parametrização ou dados estáticos também são chamados *metadados*. Dados dinâmicos, por sua vez, são as informações chegadas e tratadas, armazenadas e processadas pelo SCADA durante seu funcionamento onde seus valores se alteram frequentemente.

É necessário descrever detalhadamente todas as características estáticas do SCADA para um determinado centro. Normalmente isto é realizado através de tabelas de parametrização que, no instante da execução das funções do SCADA, são lidas pelas diversas funções para se ajustarem a uma situação específica. Alternativamente, em sistemas mais abertos ainda do ponto de vista informático, isto é, sistemas em que o fabricante não esconde os arquivos fontes dos programas, estas tabelas são link-editadas aos programas fonte para produzir o conjunto de executáveis do SCADA. A utilização de um SCADA requer então duas etapas. Uma etapa de parametrização off-line e uma etapa de funcionamento on-line, quando os programas desempenhando as diversas funções são ordenadamente lançados automaticamente ou manualmente, por especialistas em TI.

Qualquer alteração no sistema elétrico, seja a entrada ou a substituição de um equipamento, seja a inclusão de nova instalação, linha de transmissão implica em alterações significativas na base fonte dos centros de operação locais que a contemplam e, necessariamente, nos centros de operação de níveis superiores como os centros de operação de área, regionais e de sistema.

É necessário ainda, incluir ou alterar novas imagens do repertório de diagramas unifilares de forma a contemplar a inclusão ou alteração de equipamentos ou instalações. Além disso, é necessário executar exaustivos testes com o equipamento ou instalações alteradas ou incluídas, ainda não energizadas, de forma a garantir que as informações presentes na base de dados em tempo real, isto é, as informações na base de dados dinâmica correspondam bem aos dados no campo. Para alguns equipamentos pode ser necessário energizá-los em baixa tensão de forma a garantir que as conversões analógico-digitais se passam corretamente.

É um trabalho de escritório meticuloso, onde o risco de erro de preenchimento de um dado em uma coluna de alguma tabela da base de dados pode por em risco a qualidade da observação do sistema elétrico e possíveis erros de operação. Em geral, cada equipe de centro de operação local é a responsável primeira pelas alterações que são passadas posteriormente para as equipes de níveis superiores para adaptarem seus SCADA para contemplar as alterações.

Há uma tendência, hoje em dia, de centralizar este trabalho em níveis superiores quando o próprio formato do banco de dados que descreve estaticamente o sistema elétrico permite que estas alterações se propaguem pelos centros de operação abaixo pela simples cópia de tabelas ou arquivos fonte do banco de dados.

Quando se trata de um sistema EMS (Energy Management System), a consistência dos novos dados deve ainda contemplar os programas de análise de redes tais como o configurador de estado, o estimador de estado, análise de contingências, etc., normalmente descritos em colunas adicionais ou tabelas adicionais àquelas do SCADA.

A noção de prioridade de execução das diversas funções informáticas que compõem um centro de operação é uma característica que dificulta a utilização de sistemas operacionais onde o estabelecimento de uma hierarquia de execução entre as tarefas (tasks) não é claramente oferecida pelo sistema operacional como, por exemplo, os sistemas operacionais tradicionais da Microsoft. Assim é que grande parte do software de centros de controle vive sob o manto dos sistemas Linux ou até alguns mais especializados ainda como o canadense QNX, denominados "Unix-like".

Armazenamento de dados.

Como já foi até discutido anteriormente, os dados recebidos das instalações são armazenados, primeiramente e rapidamente em uma base de dados em memória nos computadores da LAN e, posteriormente em bancos de dados SQL tradicionais para armazenamento da evolução histórica do sistema elétrico. A base de dados em memória está sempre sendo alterada pelos eventos do campo. O banco de dados, por sua vez, cresce a cada chegada de uma variável lógica do campo e, periodicamente, por consulta da função de acesso ao banco de dados à base de dados residente.

Data logging e armazenamento de alarmes e eventos. – SOE- histórico lógico.

A lista abaixo ilustra um segmento de "*data logging*" de alguns minutos em um centro de operação. Esta lista é produzida em um arquivo texto e seu significado é natural para os operadores e analistas da proteção de sistemas elétricos. É um exemplo do já citado SOE – "*sequential of events*". No exemplo abaixo o arquivo só contem o instante da ocorrência de cada evento. A data deve estar contida, provavelmente no nome do arquivo. Resumidamente, por exemplo, a segunda linha deste arquivo pode ser lida como:

As *00:19:12.568*, o equipamento identificado pelo tag, ou identificador ou mnemônico de *SDDJ704POS*, cuja descrição elétrica detalhada é "*SDDJ7-04 Posição Disjuntor*", abriu. Quem sabe ler em detalhes o identificador diria ainda que "abriu o disjuntor (DJ) de nº 4 (-04) do pátio de 500 KV (7) da subestação de São Luis II (SD)".

```
00:19:12.568  SDDJ70425B12      SDDJ7-04  25 Seleção Pot Sincr TP B1-B2        Selecionado
00:19:12.551  SDDJ704POS        SDDJ7-04  Posição Disjuntor                    Aberto
00:19:22.000  SDDJ704ITAB       SDDJ7-04  Intertrav Abertura                   Desatuado
00:20:08.000  SDSR703ITAB       SDSR7-03  Intertrav Abertura                   Atuado
00:20:09.000  SDSR703ITAFCOR    SDSR7-03  Intertrav Aber/Fech COR              Desatuado
01:00:00.754  RB_RBTF6-01                 RB 230kV DJ6-08 Cmd Fechar DJ Rele   Executado
01:04:44.269  RB_RBTF6-01                 RB 230kV SD6-11 Posicao Seccionadora Fechado
01:08:45.534  COCL702EAGBA                COCL702 A Prot Sup CircDisp GAP FB 1oEst  Normal
01:08:47.045  COCL702EAGBA                OCL702 A Prot Sup CircDisp GAP FB 1oEst   Alarme
01:35:35.181  RBDJ40774B2A                RBDJ4-07  74 Superv Bob 2 Abertura   Alarme
01:45:00.129  RB_RBTF6-01_17613           RB 69kV SD4-09 43 Ch L/R Patio Secc  Remoto
```

Estas informações também são dirigidas a uma tabela de um banco de dados através do clássico comando SQL

"INSERT", se estiver operacional a função de armazenamento da história do sistema elétrico ou base histórica.

Estes arquivos e/ou tabelas diárias podem atingir um número de linhas que podem ultrapassar aos milhares em supervisão de sistemas elétricos de aproximadamente 100 a 200 mil variáveis. É muito comum encontrar uma mesma linha se repetindo centenas de vezes quando um relé supervisionado antigo ou com defeito apresenta batimento (bounce) do seu contato. Isto sugere que os arquivos ou tabelas devem sofrer uma limpeza, conhecida normalmente por "data warehouse". Esta informação também pode ser ainda, eventualmente disponibilizada na forma de arquivos CSV, planilhas Excell, e mesmo PDF.

Armazenamento das grandezas elétricas - histórico analógico.

Hoje, todos os centros de controle armazenam em mídia as grandezas elétricas à medida que são coletadas nas instalações e chegam ao centro de controle. Seus valores, o instante da chegada ao centro ou, mais modernamente, o instante da coleta na instalação, seus atributos, seu valor é confiável? Etc. A precisão da datação que acompanha o valor da grandeza e seus atributos no pacote de transmissão da instalação para o centro de operação, normalmente, não é a mesma daquela usada para os dados lógicos. Precisão de instantes de amostragem da ordem de milissegundos só é encontrada em equipamentos de aquisição de dados mais modernos, as PMU (Phasor Meter Unit).

Históricos em arquivos texto ou planilhas.

A história analógica do sistema elétrico de potência é normalmente armazenada na forma de texto ou planilhas eletrônicas. Arquivos CSV (Comma Separated Values) ou até mesmo formatos proprietários, próprios para importação em programas de planilhas eletrônicas. Mais modernamente, são encontrados históricos analógicos em arquivos de texto puro, em XML (eXtended Markup Language), arquivos JSON (JavaScript Object Notation) ou mesmo, mais raramente, em planilhas prontas ou arquivos "CSV (Comma Separated Values)".

É frequente que os arquivos sejam estratificados por períodos de tempo, normalmente por períodos de um dia. Seu nome identifica o intervalo de tempo contido nas amostras armazenadas no seu interior. Por exemplo, o nome do arquivo BD_2018-11-10.csv indica no próprio texto que seu conteúdo deve estar repleto de informações analógicas das grandezas elétricas armazenadas no banco de dados BD, pelo centro de operação, no dia 10/11/2018.

Históricos armazenados em bancos de dados SQL.

Quando a função de histórico em base de dados está ativa num centro de controle, as grandezas, tanto lógicas quanto analógicas são inseridas periódica ou aleatoriamente em tabelas de banco de dados. Neste caso o nome da tabela pode ser usado para indicar o tipo de dados e o intervalo de tempo das amostras contidas no seu interior. Programas executando as tradicionais funções SQL do tipo SELECT e INSERT são usados para o armazenamento em banco de dados. Bancos de dados tradicionais como MySQL, PostgresSQL e mesmo Oracle são encontrados como suporte para armazenamento e recuperação dos dados.

As áreas de planejamento e, principalmente de análise se valem destas informações no contínuo aprendizado sobre o sistema elétrico observado.

É frequente associar o TAG, etiqueta ou o mnemônico adotado para simplificar a localização da descrição das variáveis em um centro de controle à um número inteiro. Por exemplo, a etiqueta GMKVBR601 pode ser associada ao texto completo da variável, algo assim como "Tensão da barra número 1 do pátio de 230 KV da subestação de Guamá". Isto facilita o acesso por SQL às variáveis. Normalmente este número, designado índice, usa o fato, explorado pelos bancos de dados que os computadores localizam mais facilmente números que textos. Assim, em primeira aproximação pode-se, por exemplo, associar um número na ordem alfabeticamente crescente dos TAGs utilizados. No exemplo do TAG acima citado, ele poderia ser associado ao número 1237 se, por exemplo, GMKVBR601 for a 1237ª variável na ordem alfabética das variáveis do empreendimento. Se esta estratégia de associação for adotada sempre que o empreendimento sofrer ampliação, provavelmente o número associado à variável não será mais o mesmo. Isto vai ocasionar problema na recuperação de informações passadas desta variável se este número for utilizado no banco de dados histórico. O uso de hash code, no nosso entender, desde que não gerado a partir de algoritmos polarizados são uma escolha melhor para manter a unicidade entre o índice e o TAG de cada variável a ser armazenada em um banco de dados histórico.

A quantidade de dados armazenados – data warehouse.

Hoje em dia é frequente encontrarmos centros de controles monitorando em torno de 30 a 50 instalações serem abastecidos facilmente por mais de 100.000 variáveis, normalmente com 10 a 20 % de variáveis analógicas e 80 a 90 % de variáveis lógicas. Estas últimas, apesar de maioria, não ficam, felizmente, chegando muito frequentemente no centro de operação. As variáveis analógicas, entretanto, periódicas que são, podem preencher centenas ou milhares de entradas nos arquivos texto ou tabelas de bancos de dados e, por isso, frequentemente não são armazenadas na sua chegada, mas periodicamente, por consulta da função de armazenamento à base de dados em memória.

A necessidade de um processamento de limpeza dos arquivos é, portanto, imperativa em centros de controle. Esta atividade, conhecida pelo pessoal de processamento de dados como "*data warehouse*" deve ser utilizada como um processo permanente em centros de operação. Além de fazer a limpeza óbvia descrita acima, limpezas mais sutis também se fazem necessárias. Assim, inteligência artificial – IA e seus algoritmos são frequentemente utilizados pelas empresas. Funções mais modernas, entretanto, normalmente não estão presentes nos sistemas de supervisão e controle entregues por seus fabricantes. As empresas é que devem procurar os meios para promover a limpeza dos seus bancos de dados.

Sincronização da hora entre as instalações. Uso de GPS.

Como já discutido anteriormente, a análise de um sequencial de eventos não depende da hora precisa da amostragem, mas da cronologia entre os eventos. Isto é, a ordem cronológica dos eventos e alarmes. O conjunto de eventos de uma instalação, supervisionada apenas por uma UTR, mesmo as mais antigas, garantem uma sequência de datação que garante precisão de tempo suficiente entre os eventos já que o cristal utilizado para produzir o *timing* é de algumas ordens de vezes suficiente para garantir, por exemplo, um intervalo de um milésimo de segundos, suficiente como precisão horária. O problema de cronologia aparece quando os dados dos "*data-logging*" chegam num centro de operação provenientes de várias instalações, distantes quilômetros de distância entre si e entre cada uma e o centro de operação.

Este problema ficou sem solução até a chegada da tecnologia de geoposicionamento. Um equipamento GPS – Global Positioning System, hoje presente até nos telefones celulares. Além de informar a latitude, longitude, altitude, e até eventualmente a velocidade, também produz um pulso de sincronização a cada mudança do minuto. Destas características do GPS, apenas a última, veio resolver o problema de sincronização entre os equipamentos de supervisão das instalações e do centro de controle. Equipamentos de GPS adequados em subestações e usinas utilizam um protocolo de baixo nível como, por exemplo, o IRIG-B, que apesar de caro oferece uma sincronização precisa entre equipamentos informáticos (Electric Engineering Portal).

A instalação de GPS em cada instalação se tornou então um imperativo para garantir uma correta supervisão dos dados elétricos. Uma solução de menor custo hoje se oferece, quando o protocolo TCP/IP é utilizado no meio de comunicação entre o centro de operação e suas instalações através de um subproduto do TCP/IP, o "*network time protocol*" – NTP. (Wikipedia).

Apresentação do estado operativo em tempo real.

Ainda à luz de que os centros de operação são os olhos e ouvidos dos operadores, um sistema de supervisão, necessariamente é capaz de apresentar os dados obtidos e armazenados em formas humanamente legíveis e confortáveis. Existe uma área de conhecimento que estuda especificamente os melhores relacionamentos entre homens e máquinas de forma confortável, segura, que não traga prejuízos físicos, principalmente. A Ergonomia, que consiste no conjunto de disciplinas que estuda a organização do trabalho no qual existem interações entre seres humanos e máquinas.

É necessário assim, apresentar o estado topológico do sistema elétrico da maneira a que os técnicos estão acostumados a ver. Diagramas e circuitos elétricos. É necessário assim, apresentar os dados dinâmicos das grandezas elétricas na forma de números reais e, no caso de dados históricos, na forma de curvas onde o comportamento pode ser visualizado e comportamentos comparados pelos operadores e analistas.

Diagrama unifilar – os olhos do operador.

Os diagramas unifilares seriam então os olhos do sistema de supervisão. Grande parte do tempo que um operador despende no centro de controle é observando os *diagramas unifilares*. Um diagrama unifilar é uma representação de apenas uma das fases do sistema elétrico para efeito de simplificação. A fase apresentada, normalmente é a fase B. A figura a seguir ilustra uma tela típica apresentando um diagrama unifilar de uma subestação.

Desenho topológico da instalação.

O circuito elétrico, isto é, as barras da subestação, as linhas de transmissão e os equipamentos presentes na instalação são representados simbolicamente por linhas coloridas e desenhos icônicos de bobinas, para reatores e transformadores, por exemplo. Estes símbolos já são do conhecimento do staff de técnicos e eletricistas. As cores representam, segundo determinação da empresa, a classe de tensão associada. Por exemplo, a figura abaixo representa uma subestação que transporta energia elétrica nas tensões de 69 KV, cor azul, 138 KV, cor vermelha e 230 KV, cor verde. As barras da subestação são representadas por linhas de espessura maior.

À representação da rede topológica é ajuntada ainda uma descrição resumida de identificações dos equipamentos associados. Normalmente, estas identificações são mnemônicas de uma descrição mais detalhada, e humanamente mais compreensível. Por exemplo, na parte superior esquerda da figura BC6-01 e BC6-02 representam respectivamente os bancos de capacitores 01 e 02 do pátio de 230 KV da subestação.

Até aqui, apresentamos a parte estática da tela representando um diagrama unifilar. O diagrama elétrico, os equipamentos como reatores, capacitores, transformadores, etc., linhas e barras de uma instalação são representações estáticas. Não se alteram com as mudanças do sistema elétrico.

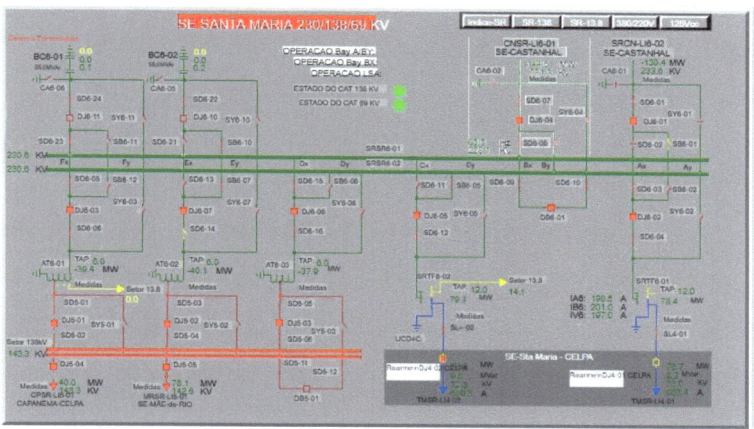

Típico diagrama unifilar

Variáveis analógicas.

As grandezas analógicas são representadas por números reais com uma precisão compatível com o que é oferecido pelo sistema de medição associado e adequado para identificação humana rápida. O operador está muito mais preocupado com a ordem de grandeza do que com seu valor exato até a enésima casa decimal. No exemplo da figura acima, as variáveis analógicas em verde representam um valor real confiável. Uma variável na cor amarela representa uma variável indefinida ou invalidada pelo sistema de medição. Outras cores podem ainda ser associadas à representação das variáveis analógicas indicando ultrapassagem de limites recomendáveis de operação. A computação gráfica hoje em dia oferece várias alternativas para a apresentação de variáveis analógicas. Até mesmo um velho mostrador de ponteiro pode ser emulado em um terminal de vídeo para os saudosistas ou quando o posicionamento da variável relativamente a escala do medidor se fizer importante.

Variáveis lógicas.

As variáveis lógicas, aquelas que representam o estado de componentes ou equipamentos que só admitem dois estados, tais como disjuntores, chaves seccionadoras, principalmente além de qualquer outro estado de equipamento do tipo ligado/desligado como bombas, relés de proteção ou estados de funções são representados pela interrupção das linhas. Por exemplo, na figura acima, os disjuntores são representados por quadrados vazados quando abertos e por quadrados preenchidos quando fechados. As chaves seccionadoras são representadas por clássicos desenhos de interruptores. Estas representações, também, podem ser associadas a cores que representam o estado de validade do equipamento. Por exemplo, na figura, o disjuntor DJ4-01 Celpa, na parte inferior direita do pátio do pátio de 69 KV, em azul, está pintado na cor amarela para enfatizar que seu estado, representado como aberto no diagrama, não é um estado confiável, o que pode ser confirmado pela presença de fluxo através da linha TMSR-LI4-01.

Todas estas representações são dinâmicas, isto é, elas se alteram em tempo real com a alteração da medida associada no campo.

Um sistema de supervisão de um centro de controle representa o sistema elétrico em regime permanente, isto é, os regimes temporários, aqueles em que as variações bruscas do comportamento elétrico se apresentam são naturalmente filtradas pelas taxas de amostragem do sistema de supervisão, de 2, 8 10 segundos para grandezas como frequência, tensão e potências ativa e reativa a até minutos para, por exemplo, a temperatura. É importante notar aqui que, na verdade existe um compromisso entre a quantidade de dados a ser processada, o intervalo de amostragem e o que a tecnologia digital oferece hoje em dia. Para observar o regime transitório de um sistema elétrico de potência seria necessário utilizar taxas de amostragem muito maiores. Assim, um SCADA é um sistema que apresenta o comportamento do sistema elétrico em regime permanente.

Alarme sonoro - Os ouvidos do operador.

Os ouvidos do operador são alarmes sonoros associados à variações de grandezas que indicam que o sistema está saindo de um estado confortável de operação para um estado de risco de instabilidade elétrica. Assim, os sistemas de supervisão oferecem, em geral, a possibilidade de associar alarmes sonoros com tons diferentes para a ultrapassagem de limites de grandezas analógicas ou mesmo quando da abertura de um equipamento que indica que parte do sistema elétrico foi isolada do resto do sistema elétrico. Assim, por exemplo, é possível associar um alarme sonoro à abertura de um disjuntor. As chaves seccionadoras, como são apenas interruptores de manobra para manutenção da instalação, isto é são operadas sempre por um comando do operador, normalmente, não são associadas a alarmes sonoros. Supõe-se que ele sabe o que faz. Atuações de relés de proteção, por sua vez, normalmente são associadas a alarmes de emergência.

Gráficos históricos.

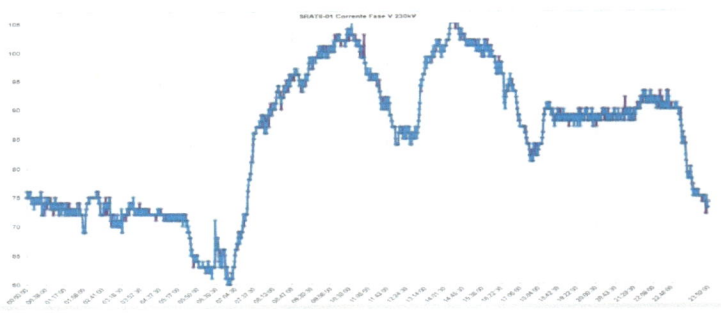

Evolução da corrente de transformador no tempo.

A figura acima representa uma das cortesias frequentemente oferecidas pelos sistemas de supervisão e controle em salas de comando. O gráfico histórico de uma variável analógica associada a uma grandeza elétrica de uma instalação. No caso ela representa a variação diária da corrente da fase V da corrente elétrica de um transformador em uma subestação.

Esta é uma ferramenta não utilizada muito frequentemente pelo operador do sistema elétrico e muito mais frequentemente pelos engenheiros de análise de pós-operação para avaliar o comportamento elétrico após uma contingência no sistema. O uso mais frequente, mas ainda assim mais raro pelo operador é um gráfico representando a evolução em tempo real de uma grandeza, este tipo de gráfico, também normalmente oferecido em centros de controle se denomina "*gráfico de tendências*". Quando o operador desconfia de comportamentos estranhos de uma grandeza elétrica ele pode colocá-la sob sua vigilância mais de perto. Vários centros de operação usam colocar disponível de forma bem visível, por exemplo, um gráfico de tendências mostrando o desvio do valor da frequência relativamente ao seu valor nominal, 50 ou 60 Hz. Este desvio dá uma ideia concreta do desbalanço entre geração elétrica disponível e demanda de carga dos consumidores. Frequência maior que a nominal significa que há geração sobrando. Frequência menor que a nominal, significa que a carga não está sendo atendida plenamente.

Consulta online a SOE.

Outra ferramenta normalmente disponível em centros de controle é a ferramenta de consultas, on-line ou deferida, do registro sequencial de eventos e alarmes. Em muitas salas de comando é frequente se encontrar nas telas dos operadores um visualizador dinâmico das últimas ocorrências de "abertura-fechamento", de "alarme/normal", "operado/não operado", etc., dos diversos equipamentos e relés no campo, datados e ordenados em ordem cronológica da chegada de cada um deles no centro de controle. São por estes "*olhos*" que o operador acompanha a evolução lógica do sistema elétrico.

O controle automático de tensão – CAT.

Um dos controles sistêmicos que as empresas começaram a utilizar mais cedo, pelo fato de não exigir tempos muito curtos para o envio de telecomandos foi o controle automático de tensão – CAT (Corsi, 2015).

Uma estratégia básica para o CAT seria, a partir de uma tabela de programação horária dos níveis de tensão recebida periodicamente pelo centro de controle de cada subestação controladora de tensão, um programa no centro de controle local da subestação dotada de transformadores com controle de TAP que servem as linhas de consumidores, normalmente empresas de distribuição ou grandes consumidores industriais, vigia periodicamente, entre um até alguns poucos segundos, se há uma violação de tensão para cada transformador cadastrado e toma a iniciativa de alterar a posição do TAP até levá-lo para o valor recomendado na tabela. Estas tabelas normalmente são resultados de contratos de fornecimento entre as empresas de transmissão e as empresas de distribuição além de consumidores especiais, como grandes indústrias. Estes contratos normalmente estabelecem os níveis de tensão hora a hora para cada transformador controlador (dotado de TAP) para cada dia semana com até três a quatro meses de vigência. Estas tabelas são então transmitidas dos centros de controle regionais próximas da data de entrada em vigência de novos contratos de fornecimento. As tabelas são atualizadas nos centros de controle regionais como resultado das negociações com os grandes consumidores e renovação dos contratos de fornecimento.

Assim, por exemplo, uma subestação dotada da função CAT no seu centro de controle local, mesmo que desassistida, manteria seu controle de tensão até durante eventuais perdas de comunicação de longa duração. A experiência no Setor Elétrico nos mostrou como esta função melhora a qualidade de vida dos operadores, tirando deles a preocupação permanente com a verificação da normalidade do perfil de tensão a todo instante. Poucos meses depois da sua implantação, temores iniciais vencidos, os operadores, tanto dos centros de controle locais como dos centros de operação regionais não mais admitem viver sem o CAT como não mais admitimos viver sem telefone.

A figura abaixo ilustra uma proposta de estratégia de implantação da função Controle Automático de Tensão – CAT desenvolvida em um centro de operação regional ou de área e um centro de operação local, em substações onde existam transformadores com tensão secundária controlada por TAP. Normalmente são subestações de entrega para companhias distribuidoras ou a grandes empreendimentos industriais.

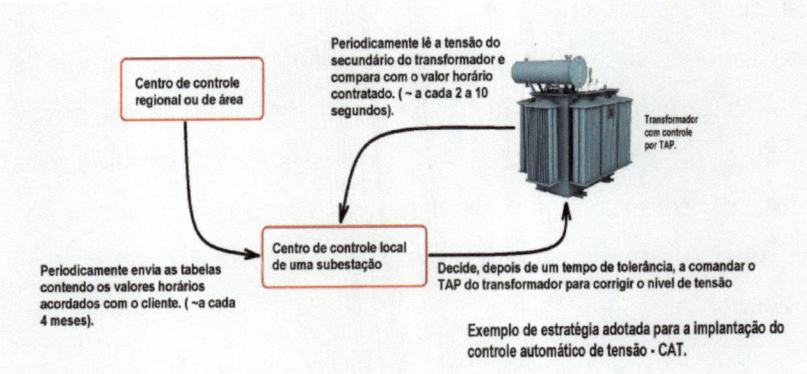

Exemplo de estratégia adotada para a implantação do controle automático de tensão - CAT.

Aqui terminamos a descrição do SCADA.

Sistema de Gerenciamento de Energia - EMS.

Observando as providências nos Estados Unidos que se seguiram ao blecaute de 1965, em 1981, o Governo Brasileiro promoveu o que talvez possa ser chamado como o primeiro treinamento para especialistas em sistemas elétricos de potência em funções de análises avançadas tais como estimação de estado, análise de contingências, etc., que serão discutidas mais detalhadamente mais adiante. O nome do treinamento foi pouco adequado, "Engenheiro de Aplicações Elétricas", mas foi um dos cursos precursores do desenvolvimento dos sistemas conhecidos como EMS.

Aqui o SCADA se robustece e passa a ser conhecido com EMS – Energy Management System. O EMS é como que uma casca nova por sobre o SCADA. Ele agrega ao SCADA um conjunto de novas funções que melhoram a precisão da observação, o aconselhamento operativo e a previsão do que pode ocorrer no futuro próximo, aumentando assim a segurança operativa. Estes novos serviços são brevemente descritos a seguir.

As ferramentas matemáticas e funções descritas a seguir, componentes básicas de um EMS pertencem a uma área do conhecimento denominada "Análise de Segurança em Sistemas de Potência".

Cálculo do fluxo de potência – Load Flow.

O cálculo do fluxo de potência ou *"load flow"* ou ainda *"Power flow"* já vem sendo utilizado pelas áreas de planejamento energético das empresas de energia desde os meados de 1960 ou até mesmo antes. Trata-se do problema de modelar matematicamente o sistema elétrico a partir de algumas informações conhecidas e determinar, por aproximação, os valores de todas as outras variáveis de um sistema elétrico de potência, ficando ele assim completamente descrito. Resumidamente, o problema do *"load flow"* consiste em determinar o "estado" de regime permanente de um sistema elétrico. Usa-se então o termo "estado" para designar o conjunto de valores complexos de todas as tensões de cada barra das subestações e correntes ou fluxos de potência nas linhas de transmissão, isto é, suas amplitudes e ângulos e dos fluxos de potência ativo e reativo que flui por cada linha de transmissão. Isto permite, por exemplo, que se verifique com antecedência se as linhas de transmissão disponíveis suportam as correntes que por elas vão trafegar para atender a demanda das cargas planejadas. Isto permite ainda, por exemplo, avaliar o comportamento do sistema elétrico quando de contingências, por exemplo, quando de eventuais desligamentos de linhas, geradores ou cargas. É a ferramenta para determinar o comportamento futuro do sistema elétrico quando da sua ampliação, antes de fazê-lo. O uso repetitivo do load flow é, portanto, uma poderosa e imprescindível ferramenta de planejamento energético.

Entretanto, se encontram alguns problemas para a modelagem matemática de sistemas elétricos de potência:

Os sistemas elétricos de potência são sistemas não lineares. Sua modelagem matemática exige o uso de equações diferenciais parciais.

Mesmo conhecendo as potências ativas e reativas dos geradores, das cargas, as impedâncias das linhas de transmissão e outros equipamentos presentes e, mesmo utilizando a informação de que algumas usinas possuem controles de tensão em suas barras e, portanto, conhecidas, na modelagem necessária para a determinação dos fluxos de ativo e reativo em cada linha de transmissão e das tensões nas barras das subestações, o número de incógnitas, utilizando uma formulação de Kirchoff, ainda é maior que o número de equações.

Outro problema é que os sistemas elétricos, hoje em dia, contemplam centenas ou até milhares de subestações. Assim, a dimensão das matrizes pode ficar insuportável para processamento, dependendo da tecnologia computacional utilizada. O problema só não é mais grave porque normalmente as matrizes de admitâncias |Y| são matrizes esparsas já que a grande maioria das subestações só se interliga a algumas outras próximas a elas e não a todas as outras do sistema o que leva a matriz |Y| conter um elevado número de zeros. Linha ausente significa admitância nula e existem métodos matemáticos matriciais que podem simplificar os cálculos ou, pelo menos, reduzir o tempo de processamento levando em conta a que as matrizes são esparsas. Assim, a abordagem bruta da solução das equações matriciais diferenciais fica muito penosa para processamento com o aumento do número de barras, ou número de equações. Normalmente se utiliza métodos de aproximação por iteração sucessiva levando em conta que num sistema elétrico em seu estado de regime permanente, isto é, quando ele está numa situação estável, os valores de tensão nas barras são muito próximos do seu valor nominal. A metodologia costuma reduzir as grandezas a uma base comum ou um valor nominal denominado PU (por unidade) de forma que as tensões em PU ficam muito próximas a um. A figura abaixo ilustra um exemplo de modelagem normalmente utilizada no problema do cálculo do fluxo de potência. Os valores conhecidos e as incógnitas do problema.

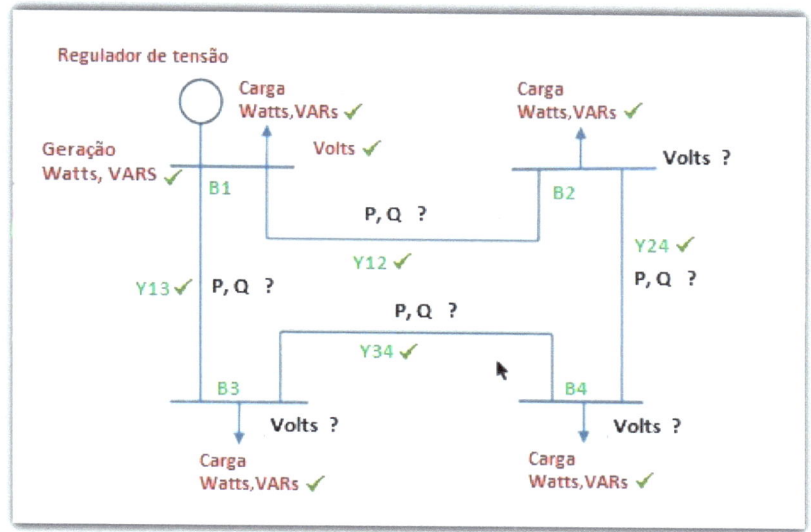

Modelagem utilizada no cálculo do fluxo de potência

Uma breve e proveitosa discussão sobre uma metodologia básica por aproximação sucessiva utilizada para o cálculo do fluxo de potência para o exemplo da figura acima pode ser encontrado em (Power System Load Flow Tutorial).

Hoje, com o avanço da velocidade e capacidade de processamento disponível, já é possível executar o cálculo do fluxo de potência, não mais em grandes e pesados centros de processamento, mas até mesmo utilizando os computadores de uma rede de computadores utilizados em um centro de controle. A vantagem da utilização do load flow em centros de controle é que as informações, antes informadas pelos engenheiros da área de operação agora são medidas. Valores reais, disponibilizados pelo SCADA podem então serem utilizados. Assim, a potência complexa dos geradores, os valores das cargas e os valores das tensões fixadas pelos controladores de tensão de algumas usinas são agora obtidos em tempo real.

Desta forma são obtidas duas representações ou dois modelos ou ainda dois "estados" do sistema elétrico. Um determinado pelo cálculo do fluxo de potência e outro, obtido diretamente do SCADA.

Estas duas representações ou modelos ou "estado" serão necessariamente diferentes. Por exemplo, o envelhecimento das linhas de transmissão, a alteração dos seus valores de impedância por causa da presença recente de uma plantação de milho debaixo dela que leva seu valor capacitivo a um valor daquele fornecido pelo fabricante da linha quando a instalou, dá uma vantagem aos valores medidos pelo SCADA relativamente aos valores calculados pelo fluxo de potência. Por outro lado, o SCADA utiliza conversores analógico-digitais – A/D, previamente discutidos neste documento que podem estar desajustados e os valores medidos apresentarem erros significativos, além dos erros inerentes ao número de bits dos conversores A/D. Isto dá uma vantagem ao cálculo do load flow com relação aos valores medidos.

É importante observar que o cálculo do fluxo de potência é um serviço interno oferecido pelos centros de controle reputados. Ele se diferencia dos programas amplamente disponíveis para compra porque ele utiliza os dados do SCADA para produzir o estado do sistema elétrico. Programas como ANAREDE do Cepel, PSCAD, DigSilent, ETAP, PowerFlow da Easy Power e mesmo Matlab e suas bibliotecas são programas off-line que nos obriga a fornecer os dados topológicos e analógicos do sistema para produzir o modelo. O programa interno dos centros de controle não precisa disso. Ele obtém a descrição do sistema elétrico a partir da base de dados on-line do SCADA.

Como conciliar os dois "estados" do sistema elétrico de potência é então um trabalho para o estimador de estado descrito a seguir. Como conciliar o estado medido do estado modelado é um trabalho para a função estimador de estado.

Breve discussão sobre o cálculo do fluxo de potência.

Apesar da vasta literatura sobre o assunto. Literatura que, em geral, mergulha sobre as complexas equações matriciais que descrevem o modelo matemático utilizado para representar o comportamento de um sistema elétrico, dada a importância deste assunto, que é um divisor entre um SCADA e um EMS, este breve tutorial descreve como abordar um sistema elétrico de apenas quatro subestações, algumas cargas e apenas uma usina geradora, utilizando simplesmente a Lei de Kirchoff que determina que a soma algébrica das correntes em um determinado nó elétrico é sempre igual a zero

Longe de esgotar todo o assunto, mas apenas para permitir perceber uma abordagem intuitiva, uma modelagem inspirada em uma das técnicas de inteligência artificial mais utilizada para descrever um fenômeno, a técnica do gradiente descendente. Vale salientar que este tutorial nem ameaça esgotar o assunto. Deve ser visto apenas como uma iniciação sobre os conceitos elétricos envolvidos. Para uma boa compreensão deste tutorial, é necessário algum de álgebra, das leis básicas de eletricidade, números complexos e as leis de Kirchoff, assuntos que fogem do escopo deste livro, mas podem ser saboreados fartamente na internet.

Costuma-se representar no Setor elétrico, simplificadamente, uma subestação por um segmento de linha reta, denominada barra da subestação, uma carga por uma seta orientada, uma usina geradora por um círculo e as linhas de transmissão que interligam as subestações ou instalações, por linhas mais finas interligando as barras e, portanto, as subestações entre si. Sabe-se que o sistema de transmissão é trifásico, isto é, utiliza três cabos, mas, para efeitos práticos, considera-se que em regime permanente as três fases têm comportamento igual. Mesma tensão e mesma corrente em cada uma delas. Assim, um sistema trifásico passa a ser representado como um sistema monofásico. Isto é que é denominado, diagrama unifilar. A figura abaixo apresenta o esquema unifilar do problema proposto. Observa-se desde já que nem todas as subestações estão interligadas entre si e o exemplo mostra apenas uma linha interligando eventuais subestações. Na prática, é comum se encontrar duas a mais linhas interligando subestações.

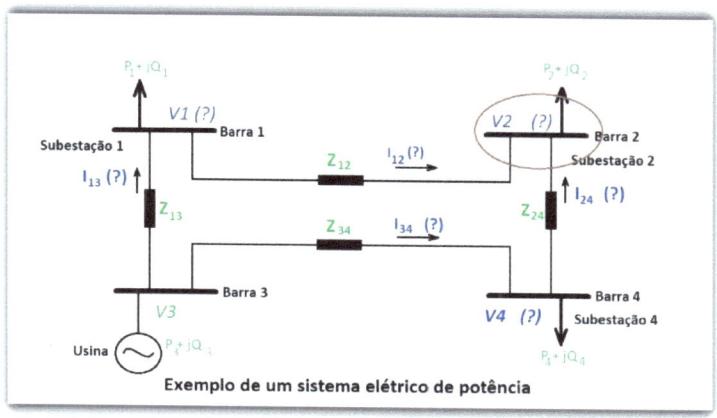

Exemplo de um sistema elétrico de potência

As informações conhecidas neste exemplo, na cor verde, são as potências ativa e reativa das cargas em cada subestação, normalmente obtidas pela medição na saída dos alimentadores, a potência ativa e reativa do gerador, os valores das impedâncias das linhas (resistência e reatância) normalmente dados ou calculados pelo fabricante dos cabos e pelo instalador do empreendimento e, normalmente, o valor da tensão de barra de uma das barras, a barra de geração já que as usinas, além do controle de velocidade de seus geradores, contam também com um controle automático de tensão na barra de geração onde é possível escolher um valor fixo de tensão. Esta barra, com valor conhecido de tensão é denominada barra swing ou slack bar. As incógnitas do problema, variáveis em azul, o conjunto de valores de tensão em KV, suas fases em graus, em cada subestação e os valores das correntes em Ampère ou potência ativa e reativa em mega watts e mega var, respectivamente, em todas as linhas de transmissão que interligam as subestações.

Encontrados os valores de tensão em todas as barras e os valores de correntes, ou o fluxo de potência nas linhas, daí o nome "cálculo do fluxo de potência", diz-se que o "estado" do sistema elétrico é conhecido. A solução deste problema repetidamente promove uma visão completa do comportamento do sistema. O intervalo entre cada solução pode ser muito longo, quando o interesse é de análise ou planejamento e, neste caso, promovem-se alterações no sistema elétrico como, por exemplo, a retirada de uma linha, a alteração de um valor de carga e assim, permitir prever o comportamento do sistema para vários cenários de operação. Este período é mais curto, da ordem de algumas dezenas de segundos, em um SCADA/EMS, para observar o comportamento de forma "quase" dinâmica do sistema elétrico.

Se aplicarmos a lei de Kirchoff das somas das correntes na barra dois, considerando a barra da subestação como um nó elétrico e a que a corrente da carga flui para fora da barra, podemos então escrever:

$$I_{c2} = (V_2 - V_4)/Z_{24} + (V_2 - V_1)/Z_{12}$$

Onde I_{c2} a corrente da carga na barra 2 é:

$$I_{2c} = S_2/V_2 = (P_2 + jQ_2)/V_2$$

Duas alterações podem ser feitas na equação acima. Primeiro, podemos escrevê-la separando os termos multiplicativos das tensões e, segundo, utilizar as admitâncias das linhas ao invés das impedâncias de forma a multiplicar ao invés de dividir. A equação ficaria então como:

$$S_2/V_2 = Y_{12}V_1 - (Y_{21} + Y_{24})V_2 + Y_{24}V_4$$

Observamos desta equação que ela tem duas incógnitas, V_2 e V_4. Portanto, para calcular V_2, uma alternativa é fazer uma suposição razoável para V_4 e V_2 e determinarmos, por iteração uma aproximação, um valor razoável de V_2. Como tratamos de um sistema elétrico de potência, Um valor razoável de partida das iterações é o valor 1 pu para V_2 e V_4. Uma observação importantíssima que ajuda na automatização do procedimento de cálculo do fluxo de potência é notar que o termo da soma de admitâncias ($Y_{21} + Y_{24}$), para o caso de um sistema elétrico genérico, por exemplo, com uma barra 5 ligada à barra 4, este termo, denominado de "auto-admitância" ou "componente local" é o resultado da soma de todas as admitâncias das linhas que chegam até aquela barra. Se houvesse uma quinta barra a auto-admitância seria ($Y_{12} + Y_{42} + Y_{52}$), ou, genericamente ($Y_{1n} + Y_{2n} + Y_{3n} + ... + Y_{mn}$). Esta admitância normalmente é representada por Y_{nn} (Y_{22} no caso).

Reescrevendo as equações dos quatro nós ou barras temos:

$$V_1 = (1/Y_{11}) [S_1/V_1 - (Y_{13}V_3 + Y_{12}V_2)]$$

$V_2 = (1/Y_{22})[\ S_2/V_2 - (Y_{12}V_1 + Y_{24}V_4)\ ]$

$V_3 = (1/Y_{33})[\ S_3/V_3 - (Y_{13}V_1 + Y_{34}V_4)\ ]$

$V_4 = (1/Y_{44})[\ S_4/V_4 - (Y_{24}V_2 + Y_{34}V_3)\ ]$

Como valores razoáveis para V_2 e V_4, podemos utilizar a tensão de base. Por exemplo, se as subestações 2 e 4 forem subestações em 230 KV, é razoável supor que as tensões V_2 e V_4 sejam aproximadamente 230. Ou, em (por unidade - pu) V_2 e V_4 seriam aproximadamente 1 pu cada. Substituindo os valores nas equações acima teríamos uma estimativa, ainda que grosseira para o valor de V_2, V_3, e V_4.

É interessante notar que, se repetirmos o processo um determinado número de vezes, vai haver uma tendência de que cada próximo valor calculado de V_2 seja um valor cada vez mais razoável. Cada iteração de cálculo produzirá um resultado mais aproximado do real.

Para exemplificar como podemos fazer isto, o exemplo abaixo, em octave vai servir para ilustrar o procedimento iterativo. Vamos utilizar os seguintes dados para o exemplo:

```
V1 = 1,03j                (barra slack)
V2 = V4 = 1 + 0j          (suposição inicial razoável)
y12 = y24 = 0 – 2j        (z = 0,5j)
Y12 = -y12
Y24 = -y24
Y22 = Y12 + Y24
```

Para 6 iterações, usando o programa em octave encontrado em nosso github, os valores encontrados foram muito razoáveis.

Porque precisamos determinar o estado de um sistema elétrico? Com relação às tensões nas barras temos dois bons motivos. O primeiro é que nossos equipamentos domésticos e industriais não suportam tensões muito elevadas ou muito baixas. Isto pode provocar dano aos equipamentos. O segundo bom motivo é que existem normas estabelecidas pelas instituições governamentais que exigem que as tensões trabalhem numa estreita faixa permitida, normalmente, em torno de ±5 % do valor nominal. Com relação às correntes, elas devem permanecer também entre limites, pois seu efeito Joule, de aquecimento dos condutores, pode levar a danos, incêndios ou explosões de equipamentos. Mesmo com todos os cuidados e antecipações fornecidas pela modelagem descrita, um complexo sistema automático de proteção é sempre utilizado em qualquer sistema elétrico de potência.

Estimador de estado.

O *estimador de estados* é uma ferramenta matemática ou algoritmo que utiliza como ponto de partida duas grandes matrizes. Uma contendo o estado medido do sistema elétrico e outra contendo o estado resultante do cálculo de um fluxo de potência para um circuito elétrico hipotético resultante dos dados da geração, das características elétricas dos seus componentes tais como transformadores, reatores, impedância teórica das linhas de transmissão instaladas etc. Naturalmente que é necessário conhecer o estado de conexão, a cada instante, de todos os equipamentos do sistema elétrico. Este é o trabalho de outro programa da cadeia EMS, o configurador de estados discutido em mais detalhes a seguir. É necessário saber quais a linhas estão conectadas, qual a relação de transformação é oferecida por cada transformador com TAP, quais os reatores e bancos de capacitores estão conectados naquele instante e quais os valores de reatância são oferecidos por cada um deles e etc.

De posse destes dados, a função estimador de estados, utilizando um algoritmo de otimização pela minimização dos erros, determina uma terceira matriz representando o estado "estimado" do sistema elétrico sob observação. Este novo estado é denominado *estado estimado*. Assim, todas as medidas do sistema elétrico, tensões, fluxos de potência ativa e reativa etc., passam a ser representadas por dois valores. Um valor medido e um valor estimado. Este último é que deve ser oferecido para o operador em suas telas e diagramas unifilares nos seus monitores. A abordagem completa do ponto de vista de engenharia pode ser apreciada em (Monticelli A. , 2011). Além de determinar o melhor estado estimado de um sistema elétrico a partir dos valores medidos pelo SCADA e aqueles obtidos por um fluxo de potência, normalmente a função estimação de estado é capaz, em geral, de apontar erros grosseiros, filtrar valores improváveis ou fisicamente impossíveis e preparar um ambiente para uma análise de contingências a partir de dados em tempo real. O estimador de estado é, assim, uma ferramenta de uso dos operadores do sistema elétrico.

O configurador de estado.

O configurador de estado é um programa ou função auxiliar, necessário para o EMS, mas não é diretamente utilizado pelos operadores como o estimador de estado já discutido. O configurador de estado é um programa que gera um modelo topológico do sistema elétrico a cada instante de funcionamento do SCADA. Ele recebe da função de recepção e tratamento de dados digitais o estado dos disjuntores e chaves que conectam os diversos equipamentos às linhas, sejam as barras de transmissão, sejam reatores, bancos de capacitores paralelos ou shunt. Esta conexão pode se dar diretamente através de um único disjuntor ou chave ou através de esquemas alternativos lógicos de conexão. O configurador realiza os cálculos lógicos necessários do tipo AND, OR e produz assim um desenho pronto do circuito elétrico.

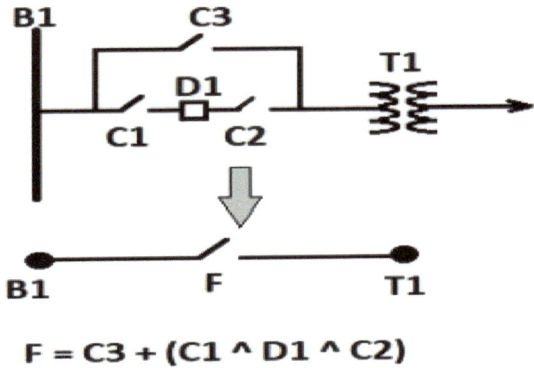

$F = C3 + (C1 \wedge D1 \wedge C2)$

Típico cálculo efetuado pelo configurador de estados

Por exemplo, a figura acima ilustra como uma barra (um equipamento) é conectada a um transformador (outro equipamento) e a uma linha de transmissão (um terceiro equipamento). O configurador, para a conexão apresentada, efetua a função lógica abaixo para decidir sobre a conexão entre os equipamentos barra e transformador.

$F = C3 + (C1 \wedge D1 \wedge C2)$ onde,

"1" e "0" representam respectivamente os estados fechado e aberto dos equipamentos de seccionamento, "$\wedge$" é a função lógica "AND" e "+", a função lógica "OR".

Esta função representa o estado de conexão entre o equipamento transformador, T1 ao equipamento "barra da subestação", B1. Desta forma, o programa que elabora o fluxo de potência e o estimador de estados já recebe um desenho topológico do sistema elétrico idêntico àquele apresentado na figura que apresenta o diagrama elétrico do sistema.

Análise de contingências.

Um SCADA apenas, apesar de excelente sistema de observação do estado de um sistema elétrico, não deixa de ser apenas um anunciador de danos. Quando um alarme, seja ele na forma de um texto, seja um alarme sonoro, seja ele um objeto "piscando" na tela do operador, anuncia a perda de uma linha de transmissão, o evento já aconteceu. Qualquer que seja a gravidade do desligamento, o dano está feito. A função *análise de contingências*, por sua vez permite responder a questões do tipo "e se?". Por exemplo, o operador experiente ou um engenheiro de pré-despacho pode, dado que o sistema está em um determinado estado, verificar como ele se comportaria se determinada linha fosse desligada repentinamente, se ocorresse o desligamento de um gerador ou um grupo de geradores, se ocorresse uma súbita perda de carga de um consumidor, o que aconteceria com o sistema se for necessário desligar um reator para manutenção, etc. Estas ocorrências podem perfeitamente estar contidas no planejamento elétrico. Seja para manutenção, seja para reconfiguração para o despacho mais adequado dos fluxos energéticos. Análise de contingências é o primeiro serviço que permite prevenir acidentes. Até hoje, entretanto, muito pouco utilizado nos centros de operação onde estivemos.

Um sistema elétrico é dito *seguro* quando ele é capaz de retornar para uma situação normal quando sofre uma perturbação. Situação normal é aquela em que há equilíbrio entre geração e carga, a frequência está muito próxima do seu valor nominal (50 ou 60 Hz), as tensões nas barras das subestações estão dentro de limites eletricamente e contratualmente aceitáveis e as correntes nas linhas de transmissão ou que atravessam transformadores não os levam ao risco de superaquecimento ou envelhecimento precoce.

A função análise de contingências pode então ser classificada dentro da área de estudos da segurança do sistema elétrico. Resumidamente, a função análise de contingências recebe as informações do configurador de estado e do estimador de estados para conhecer o estado atual do sistema elétrico. Então, por ação do operador, a função determina qual seria o próximo estado do sistema para uma determinada contingência informada. Para conseguir isto, a função, parte dos valores estimados, altera a topologia para atender a solicitação e executa um fluxo de carga para obtenção do novo estado. A contingência poderia ser, por exemplo, a saída de uma linha, a conexão de um reator, a perda de uma carga, etc. O grau de complexidade do problema a ser resolvido depende do nível da contingência submetido à análise. Se a investigação deve ser feita para a entrada ou saída de apenas um equipamento, se diz que a contingência é de nível "1", também denominado "N-1" para representar que todos os N equipamentos estão no estado normal e apenas um não está. Se, por outro lado, houver o interesse de investigar como o sistema elétrico se comportaria se, para uma determinada contingência, outras contingências também ocorressem então a análise seria de nível "2", ou "N-2". Muito mais complexa e custosa do ponto de vista informático.

A partir do estado apresentado pela ferramenta análise de contingência o especialista poderá selecionar repetidamente alternativas para evitar o possível dano, por exemplo, elevando níveis de tensão, injetando ou retirando reativos de equipamentos de controle, etc. A experiência dos operadores é o fator que determina quais as contingências são as mais importantes para serem selecionadas a cada instante e como preparar o sistema elétrico para não ser atingido tão desastrosamente por ela. É importante observar que análise de contingências é primariamente uma ferramenta de planejamento. Ela não só previne sobre uma possível perda intempestiva como também de perdas programadas, por exemplo, a necessidade de manutenção em um transformador, nos isoladores de uma linha, etc.

Uma observação que deve ser feita é que como os algoritmos utilizados para o cálculo do fluxo de potência são aproximativos e utilizam a busca do mínimo de uma função, tais como os algoritmos de gradiente descendente utilizados em técnicas de inteligência artificial. É de se esperar que, às vezes, o mínimo não seja encontrado ou, dito de outra forma, o algoritmo não convirja. Isto pode representar física ou eletricamente que o sistema elétrico sofreu um abalo muito grande e adentrou em situações de instabilidade. Neste caso, a modelagem utilizada deixa de ser válida e, portanto, a análise de contingências deve se ater a contingências leves, isto é, aquelas em que o sistema ainda pode encontrar um estado de equilíbrio depois da contingência.

    Tradicionalmente a análise de contingências já é utilizada em ambiente off-line. Isto é, fora do ambiente de um centro de controle. O planejamento dos desligamentos programados para manutenção utiliza a análise de contingências para garantir a segurança do sistema. Os programas de cálculo do fluxo de potência que produzem o estado em contingências já são usados há bastante tempo pelos especialistas no planejamento elétrico partindo de um determinado estado do sistema elaborado a partir do resultado de um fluxo de potência que se utiliza de valores nominais de geração e carga e dos dados elétricos dos diversos equipamentos e dada uma topologia de interligação destes equipamentos. Hoje em dia, os centros de controle mais modernos oferecem esta ferramenta de planejamento utilizando uma "fotografia" do estado do sistema elétrico obtida pelo SCADA como parte dos serviços do EMS o que, inegavelmente, é uma grande vantagem.

    A vantagem de dispor desta ferramenta no ambiente computacional de um centro de operação é poder utilizar o estado presente do sistema que poderá ser obtido por uma fotografia do estado da medição ou, melhor ainda, do estado estimado do sistema. Isto permite o planejamento de curto prazo em ambiente de pré-operação ou pré-despacho, aumentando assim consideravelmente a segurança do sistema elétrico. Uma descrição breve e precisa sobre análise de contingências pode ser encontrada em. (Mishra & Khardenvis, 2012).

Estudos de Previsão de Carga.

Estudos de previsão de carga já veem sendo efetuados nas empresas de energia elétrica há muitos anos. A necessidade de previsão de carga (load forecasting) está diretamente relacionada ao custo de produção de energia. Superestimar a carga futura de um sistema implica em custos desnecessários de geração e subestimar a carga futura implica na eventual colocação em operação de parques, normalmente térmicos de apoio, trazendo despesas não previstas no orçamento. Na época da publicação deste livro, no Brasil, quando isto acontece, as empresas hasteiam bandeiras vermelhas e transferem as despesas não previstas, às vezes oriundas de erros de planejamento, para os consumidores.

Distingue-se o futuro da previsão em três categorias. Previsão de curto prazo, onde o horizonte de previsão é de dias, previsão de médio prazo, eventualmente de um a dois meses e de longo prazo, normalmente realizado pelas áreas de planejamento da operação, onde o horizonte alcança meses ou anos e leva em conta o crescimento vegetativo da população, crescimento do PIB, etc., onde o número de variáveis utilizadas não mais se restringem apenas as observações do comportamento da demanda passada.

A metodologia clássica de previsão de carga que vem sendo usada pelas empresas de energia usa o modelo de Box-Jenkings (Barros, 2014). Métodos estatísticos clássicos são usados tais como os modelos ARIMA (AR: autoregressivos, I: integrados, MA: média móvel).

Hoje em dia, as técnicas de inteligência artificial oferecem modelos mais precisos utilizando, por exemplo, redes neurais artificiais – RNA e "support vector machine" treinadas com dados passados para realizar previsões futuras.

Em qualquer metodologia de previsão os dados básicos utilizados são os valores de carga descritos em série temporal e obtidos do comportamento das cargas em um intervalo de tempo passado. O comportamento de um sistema elétrico de potência é fortemente sazonal e quase que vegetativa e linearmente crescente. O consumo em um dia da semana é, muitas vezes, muito próximo do consumo do mesmo dia da semana anterior. O consumo médio nos meses de verão se aproxima muito, com leve diferença para mais, do consumo médio do verão passado. Assim, os algoritmos estatísticos são razoavelmente bem sucedidos para previsão, principalmente as de curto e médio prazo.

Cálculo do Despacho Econômico.

Despacho econômico é o nome dado à função que tenta promover a geração ótima de energia para cada grupo ou elemento gerador em um sistema elétrico. É um programa especializado que procura satisfazer restrições operacionais e restrições elétricas de fontes de geração disponíveis e a capacidade de transmissão das linhas associadas.

A ideia geral é a de que para atender as cargas a um custo mínimo o conjunto de geradores com os menores custos marginais de geração devem ser utilizados com prioridade.

Basicamente o CDO recebe informações de restrições sistêmicas informadas pelo operador, recebe valores de grandezas elétricas obtidas do sistema de supervisão e produz o "set-*point*" que alimenta o controle automático de geração - CAG. Uma descrição detalhada do cálculo do despacho econômico pode ser encontrada na Wikipédia (Wikipedia).

Controle Automático de Geração – CAG.

Usinas geradoras eletromecânicas de energia, qualquer que seja seu tipo, térmica ou hidráulica, estão sujeitas a uma frenagem, isto é, uma redução da velocidade de rotação do gerador quando é aplicada uma carga adicional, isto é, quando há uma demanda por mais energia. Da mesma forma, as unidades geradoras tendem a disparar, isto é, a aumentar sua velocidade de rotação quando uma carga é retirada. Quando maior ou mais significativa for a grandeza desta carga, maior será a frenagem ou o aumento de velocidade. Por isto, todas dispõem de mecanismos automáticos de controle primário de velocidade, que trazem a rotação de volta para o seu valor nominal.

Por outro lado, como já comentado, a frequência da rede elétrica é diretamente proporcional à velocidade de rotação das máquinas geradoras. Assim, a frequência da rede elétrica sofre um desvio sempre que as unidades geradoras se sujeitam a variações de carga. Resta assim, um inevitável erro de controle de frequência quando de variações de carga ocorrem. O mecanismo de controle responsável por trazer de volta a frequência ao valor padrão, 50 ou 60 Hz, dependendo do país, é denominado Controle Automático de Geração – CAG. Uma segunda responsabilidade do CAG é manter os valores da energia de intercâmbio entre as empresas nos seus pontos de interligação nos valores comercialmente contratados para cada determinado período de tempo.

A função CAG, em última análise, estabelece periodicamente o *"set-point"* ou a potência de base para as usinas geradoras. Normalmente este valor de potência de base é criado como um valor em por cento de forma que todas as usinas recebem o mesmo valor e se ajustam proporcionalmente de acordo com a sua capacidade de contribuição de geração. O CAG recebe informações dos valores de intercâmbio de potência contratada nos diversos pontos de interligação, obtém os desvios de frequência sofridos pelos geradores quando das variações de carga e promove o retorno da frequência ao valor padrão.

Uma última função auxiliar, presente apenas nas usinas contendo diversos geradores, utiliza o set-point recebido e o reparte não equitativamente por suas unidades geradoras, pois que procura observar restrições operativas e de manutenção de cada unidade. Esta função auxiliar tem o nome de Repartição de Carga.

Fluxo de Potência do Operador – FCO.

O fluxo de potência do operador também chamado de fluxo de potência ótimo é uma ferramenta disponível em sistemas EMS normalmente utilizada em nível de planejamento elétrico, mas pode ser utilizada pela operação no âmbito dos programas de análise de rede.

Ele procura encontrar o estado operativo em regime permanente que busca otimizar uma determinada função objetivo, procurando atender simultaneamente a um conjunto de restrições físicas e operacionais estabelecidas pelo operador a partir do conhecimento do comportamento do sistema elétrico sob observação, levando em conta restrições operacionais e de manutenção ou restrições de utilização de equipamentos e/ou linhas de transmissão em determinado tempo.

Uma descrição matemática detalhada pelo Professor Djalma Falcão sobre o fluxo de potência ótimo pode ser encontrada em Falcão.

Resumo das funções de um EMS.

A figura abaixo resume as interligações entre as funções tipicamente encontradas em um modelo EMS (Ankaliki, 2011). Nem todas se executam em um mesmo centro de controle. Por exemplo, o módulo CAG, normalmente é dividido entre o CAG propriamente dito onde é calculado o "set-*point*" de operação das diversas usinas geradoras, função normalmente localizada em centros de controle regionais ou de sistema enquanto que a repartição de potência entre os grupos geradores, que se executa normalmente nos parques geradores de energia.

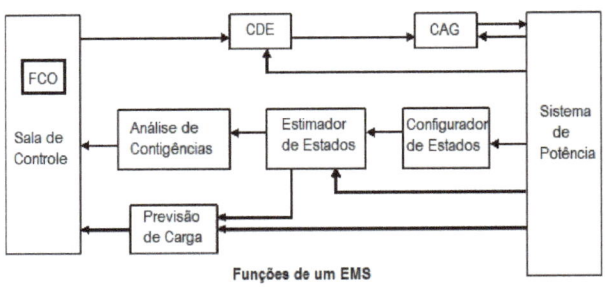

Funções de um EMS

http://www.academia.edu/32197974/Energy_Control_Center_Functions_for_Power_System

CDE - Cálculo de Despacho Econômico.
CAG - Controle Automático de Geração.
FCO - Fluxo de Carga do Operador.

Descrição das relações entre as funções de um EMS

No Brasil o Centro de Pesquisas em Energia Elétrica – Cepel da Eletrobras oferece uma gama de aplicativos que executam off line, em ambiente MsWindows, que constituem as principais funções de um sistema EMS para uso pelas áreas de planejamento das empresas associadas tais como:

ANAREDE – Para o cálculo do fluxo de potência a partir de uma descrição textual ou gráfica de um sistema elétrico.

ANATEN – Para a análise de estabilidade de tensão.

ANAFAS – Para análise de faltas simultâneas.

FLUPOT – Para o cálculo do fluxo de potência ótimo etc. (Centro de Pesquisas em Energia Elétrica - Cepel).

Interação dos centros de controle com outras áreas.

Historicamente as informações colhidas pelos sistemas de supervisão e controle, e hoje em dia não são poucas, se restringiam exclusivamente ao ambiente das salas de comando dos centros de operação. Alegações de restrições de segurança na divulgação de hábitos operacionais que não poderiam ser compartilhadas com o público ou alegações da possibilidade de invasão cibernética e o temor da sabotagem dos sistemas elétricos de potência por hackers foram barreiras gradativamente vencidas para permitir a divulgação on-line e em tempo real do comportamento do sistema elétrico para, pelo menos, outros especialistas em análise de redes e análise de proteção que não habitam as restritas e fechadas salas de comando. Os temores não eram, entretanto, infundados (Greenberg, 2017).

Auxílio na elaboração de relatórios.

Informações históricas coletadas pelos sistemas de supervisão e disponíveis nos centros de controle podem ser úteis na precisa elaboração de relatórios operativos que devem alimentar a alta gerência da empresa e municiar o pessoal do planejamento elétrico que normalmente se encontra na sede da empresa e raramente em centros de controle de área ou regionais. Mesmo o pessoal não operador lotado em centros regionais normalmente não têm acesso às salas de comando.

Auxílio na confecção das Ordens de Serviço - OS.

A análise dos dados históricos lógicos gerados pelos sistemas de supervisão são extremamente uteis para a elaboração das ordens de serviço de manutenção e sua programação de execução no campo. Relés que "batem intempestivamente" no campo gerando grandes quantidades de linhas nos arquivos SOE – *sequential of events* ou data-logging devem sofrer manutenção o quanto antes. Assim estes relatórios devem ser consultados periodicamente pelo pessoal responsável pela manutenção. Relatórios periódicos contendo listas de variáveis analógicas inválidas devem alimentar regularmente os especialistas em manutenção e instrumentação para agirem no campo aumentando a segurança das informações geradas pelos centros de controle.

A maioria dos SCADA não carregam a bordo estas funções de data warehouse e emissão direcionada ao pessoal especializado dos defeitos de captores e sensores. Assim, cabe ao pessoal responsável pela manutenção informática do SCADA promover a automação desses processos de coleta e envio de informações ao pessoal especializado em manutenção e instrumentação.

Especificamente para o pessoal da manutenção de instrumentos, que não estão preocupados com os aspectos da rede elétrica e sim dos seus componentes, medidores, instrumentos e equipamentos, é nossa opinião que o SOE diretamente não deve servir de munição para esse pessoal. Uma estatística do comportamento dos instrumentos de medição e equipamento é muito mais útil para esse pessoal. É muito mais importante saber quantas vezes um disjuntor manobrou num período de tempo que saber em que datas isto ocorreu. É muito mais importante saber que um relé esta mudando de estado intempestivamente no campo do que saber qual a sua função. Entretanto, ainda não tive oportunidade de ver um tratamento de data warehouse do SOE para municiar adequadamente o pessoal da manutenção de instrumentos e medidores.

Integração da rede de supervisão à INTRANET e INTERNET.

A integração dos diversos equipamentos de uma instalação ao centro de controle local forma uma rede local – LAN. A integração dos diversos centros de controles locais aos centros de controle de área, COA, ou aos centros de controle regionais, COR, e a integração desses últimos, por sua vez ao centro de controle do sistema, COS, formam uma rede de área ampla, uma WAN (wide area network). As empresas de energia elétrica são conhecidas pela sua resistência à divulgação das informações. Elas são ainda conhecidas pela sua prudência, e aqui com razão, quanto a integração de seus sistemas de supervisão a outros sistemas para evitar a indevida intrusão ou invasão. Assim, as redes de computadores que compõem os centros de controle são frequentemente isoladas da rede administrativa, disponível através de uma LAN da empresa e, muito mais ainda da rede mundial WWW.

A troca de informações entre empresas.

A interligação das redes elétricas das diversas concessionárias de energia em uma rede nacional SIN (Sistema Integrado Nacional) é um fator que permitiu reduzir muito os investimentos na produção de energia elétrica. Isto obrigou, entretanto, que as empresas transferissem informações além dos pontos de interligação para melhorar a confiabilidade do ambiente EMS em cada uma delas. Isto significa que algumas informações começaram a ser difundidas. Atualmente, no Brasil, as empresas se comunicam, do ponto de vista informático, apenas ao Operador Nacional - ONS e este, por sua vez, providencia a transferência de valores necessários para cada uma delas.

Oferta de serviços na INTERNET.

A pressão vem aumentando ainda para se conseguir ofertar on-line e em tempo real informações críticas para especialistas em operação e proteção de sistemas elétricos não necessariamente presentes no interior da empresa. Assim, algumas empresas veem cedendo e criando um ou outro ponto de contato da sua rede LAN e WAN a rede mundial de computadores. Diagramas unifilares em tempo real, acesso ao data-logging da empresa, advertências em tempo real de ocorrências via SMS e e-mail já veem sendo implantadas por algumas empresas no Brasil. Um exemplo pode ser encontrado em (ELETRONORTE) http://eletro.eletronorte.gov.br. Naturalmente que o acesso aos serviços é oferecido apenas ao pessoal autorizado, mas uma pequena amostra do que pode ser ofertado já pode ser apreciado na página de entrada.

Integração com uma rede de medição fasorial.

Os valores de medição de correntes, tensões, potências, etc. são ondas muito aproximadamente senoidais, A.cos(ωt + Θ). Como A, t e Θ são variáveis a representação de uma grandeza elétrica de um sistema elétrico de potência pode ser tanto de uma onda senoidal quanto de um vetor e sua fase como ilustra a figura abaixo.

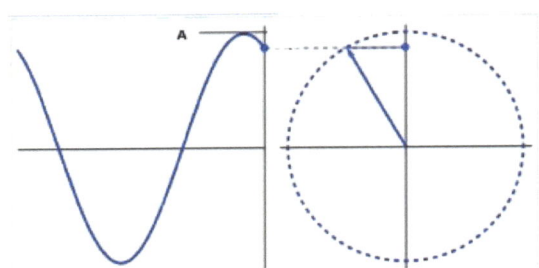

A representação senoidal e fasorial de uma grandeza.

Portanto, uma grandeza elétrica tanto pode ser conhecida ou representada por suas parcelas reais e imaginárias quando pela sua amplitude e ângulo de fase. Por exemplo, nos sistemas elétricos de potência se usa representar a potência que flui em uma linha pelas suas componentes ativa e reativa P + Qj, onde P é a potência ativa em MW e Q a potência reativa em MVAR, enquanto que as tensões de barra se encontram representadas pelo seu módulo e ângulo de fase.

Medidores fasoriais ou "*phase meter units*" - PMU são instrumentos que começam a ser oferecidos para uso em empresas de energia desde o final do século passado. São multimedidores, isto é, medem diversas grandezas ao mesmo tempo, as medições de todas elas, teoricamente se dão simultaneamente e de forma periódica e o instante das medições é associado aos valores medidos. O instante das medições é obtido através de portas de comunicação IRIG-B, etc. Assim, diversas PMUs separadas geograficamente são sincronizadas por GPS. Como são instrumentos mais recentes, a qualidade da medição já é muito maior que aquela obtida com velhos instrumentos de medição tradicionais. O período de amostragem pode ser selecionado, variando desde 10 amostras até 60 amostras por segundo. Algumas PMUs podem atingir intervalos de amostragem ainda menores. As informações senoidais são então etiquetadas com a data da amostragem, o seu módulo e o ângulo de fase com relação a uma base de tempo fixa oferecida pela sincronização do GPS.

A norma IEEC C37.118 de 2005 estabeleceu o padrão para construção e funcionalidade de unidades de medição fasorial ou PMUs.

Lembrando que um dos objetivos do estimador de estado é justamente o cálculo do módulo das tensões nas barras e seus respectivos ângulos de fase, as empresas de energia começaram a cobiçar o uso de PMUs em suas instalações e simplificar os algoritmos do estimador. Naturalmente que, como os sistemas de supervisão trabalham com tempos de amostragens muito menos elevados dada a quantidade de informações que recebem, o interesse seria apenas de utilizar uma de cada 10 a 60 amostras que uma PMU oferece por segundo. Experiências utilizadas pelo autor mostraram que os valores obtidos de PMUs ficaram muito mais próximos dos valores estimados que daqueles originalmente oferecidos pelo antigo sistema de medição do SCADA. Assim, é natural que parte da medição tradicional dos SCADAs de hoje em dia seja oriunda de PMUs. Algumas das PMUs mais utilizadas pelo Setor Elétrico Brasileiro são de fabricação da Reason, uma empresa do grupo General Electric. É natural esperar então que a medição produzida pelas PMUs seja integrada aos centros de controle.

Um novo tipo de centro de auxilio na operação de sistemas elétricos vem surgindo desde o advento da disponibilidade de compra das primeiras PMUs. São os Centros de Medição Fasorial Síncrona. Aqui, um computador ou um cluster, isto é, vários computadores interligados por redes de Gigabit se comportando como um só computador sendo utilizados agora, conectados via TCP/IP com PMUs espalhadas por instalações elétricas. Nestes clusters são instalados pacotes de software especializado na recepção, ordenamento, armazenamento e difusão de dados fasoriais oriundos de PMUs. Eles compõem o âmago de centros de operação especializados para o desenvolvimento, principalmente, de recomposição automática de sistemas elétricos utilizando estratégias diversas, inclusive com inteligência artificial embutida, que complementam o centro de medição fasorial síncrona CMFS. Os centros de operação tradicionais, dotados do ambiente EMS (energy management system) que vem sendo discutido neste documento, são alguns dos principais clientes dos CMFS. Normalmente é destes CMFS e não das PMUs que se realiza a interligação entre os ambientes.

Um exemplo de CMFS gratuito que se executa em ambiente Microsoft Windows foi desenvolvido pela Tennessee Valley Authority, uma companhia de eletricidade que atende ao Vale do Tennessee nos Estados Unidos da América. O software openPDC. PDC é a sigla para Phase Data Concentrator. Trata-se um software aberto, fontes disponíveis para customização pelo próprio cliente, capaz de obter, ordenar, armazenar e difundir, utilizando UDP, uma modalidade do TCP, para comunicação com PMUs. Uma discussão completa sobre o uso de PMU como ferramenta para monitoramento de sistemas elétricos de potência em grandes áreas pode ser encontrado em (Monti, 2016). Uma discussão completa sobre o assunto pode ser encontrado em (Greene, 2013).

As primeiras tentativas de utilizar a medição fasorial para auxílio na operação de sistemas elétricos foi a produção de grandes massas de dados estatísticos. Um convite para as técnicas de "Big Data" atuar. As diferenças angulares entre medidores em diversos pontos na rede elétrica é uma forte indicação do ponto de operação do sistema com relação a estabilidade elétrica. O aumento das diferenças angulares dos medidores com relação, por exemplo, àquele localizado na geração, indica que o sistema está indo para a no rumo da instabilidade elétrica. Alguns filmes já foram produzidos por instituições acadêmicas mostrando claramente que próximo a blecautes os ângulos de fase começam a se lançar em direções diferentes freneticamente. Ora, isto é uma indicação de que está na hora de atuar para normalizar o sistema. O problema é o termo "freneticamente". Podemos atualmente apenas assistir o desastre acontecendo. Nada ou quase nada de desenvolvimento técnico foi feito até então para uma atuação de proteção sistêmica que evitasse um só blecaute.

Treinamento de operadores.

Os centros de controle do sistema – COS, atualmente dispõem de ambientes para treinamento de operadores. Ambientes separados das salas de comando, mas com comunicação informática entre elas fornecem o ambiente de simulação adequada para o treinamento dos operadores. A função instalada nos COS para treinamento de operadores é conhecida por OTS (operating training system). Normalmente são utilizados operadores de sistema elétrico com grande experiência para produzir os ambientes elétricos baseados em situações em tempo real, gerar contingências observadas pelos operadores em treinamento e avaliar o comportamento, as reações e decisões tomadas pelos treinandos para cada caso. O esforço computacional para obtenção de tal função é razoavelmente grande e, por isso, OTS é raramente encontrado fora do ambiente dos centros de operação de sistema - COS.

Integração com BMS – Business Management System.

Estudos de previsão de carga e geração ótima, ambos citados anteriormente indicam a necessidade de se servir de informações presentes nos sistemas de supervisão e utilizá-los nas planilhas de planejamento empresarial e vice-versa. Grandes ambientes de administração empresarial como (SAP/R3), utilizado bastante no Setor Elétrico, devem ser abastecidos de dados e informações originadas nos sistemas de supervisão. Suas informações, relatórios de decisão, metas, etc., por sua vez, devem ser conhecidos pelos Centros de Operação de Sistema - COS. A integração desses tipos diferentes, mas complementares de esforços empresariais é desejável, senão imprescindível atualmente.

Interação entre COS e BMS

As relações entre os participantes do mercado de energia, isto é, entre as diversas empresas geradoras, transmissoras e distribuidoras de energia se passam em um ambiente BMS. Através da troca de informações do tipo "ofertas de energia", quantidades, preços, faturamento, pagamentos etc. é que se faz o relacionamento de negócios.

O Sistema de gerenciamento de negócios - BMS é o ambiente onde se trata de entidades como contratos a longo ou curto prazo, despachos de compra e venda de energia, faturamento e avaliação de desempenho empresarial. Um BMS pode estar fisicamente integrado a um COS, mas do ponto de vista prático, sempre estão em ambientes informáticos separados e se interligam via TCP/IP.

Para alimentar estas entidades é imprescindível um fluxo de informações como a programação de contratos no sentido BMS => COS que vão alimentar as restrições operacionais de previsão de carga, de ajustes do CAG, etc.

No sentido COS => BMS, informações presentes no EMS oriundas do estimador de estado, análise de contingências e do próprio SCADA como a programação do CAG e do gerenciamento das cargas devem ser utilizadas pelo BMS.

Assim é que as empresas promovem esforços no sentido de transmitir e receber dados das diversas funções do

SCADA e EMS e os ambientes computacionais administrativos como o SAP/R3, por exemplo.

A figura abaixo é uma tentativa de resumir a arquitetura de um típico centro de controle de sistemas elétricos de potência e suas conexões com outros sistemas

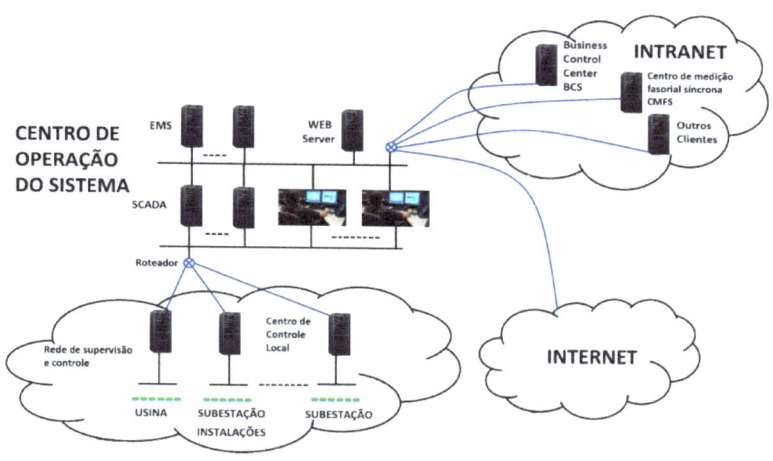

Um centro de operação e suas interconexões

Utilização de ferramentas matemáticas modernas.

Modernas técnicas matemáticas de otimização vêm sendo propostas para grandes sistemas elétricos que fazem uso de maciço desempenho computacional. Terabytes de processamento vem sendo empregados. Milhares de simulações probabilísticas horárias de operação realizadas em algumas horas envolvendo pelo menos uma centena de milhões de problemas de otimização de grande porte (programação linear inteira mista) (PSR, 2018).

Uso de técnicas de inteligência artificial - IA.

A linguagem de programação mais utilizada na confecção de SCADA é disparadamente a linguagem C, principalmente a linguagem C ANSI. Em poucos centros de controle se encontram códigos C++ nos programas e tarefas que constituem o núcleo do SCADA. Nos mais tradicionais ainda se encontra código FORTRAN em parte dos programas do EMS, principalmente no código do cálculo do fluxo de potência que, tradicionalmente, vem sendo utilizado para a confecção do código. Assim, o uso de técnicas de inteligência artificial só vem sendo utilizada nas últimas duas décadas, já no século XXI. Assim é que só agora começam a aparecer segmentos de código em linguagens mais modernas como python, mais adequadas para a implantação de algoritmos de

IA já que oferecem grande repertório de bibliotecas especializadas no treinamento de redes neurais, cálculo do gradiente descendente, support vector machines, etc.

O uso de redes neurais RNA.

A programação energética como, por exemplo, a previsão de carga, é um ambiente natural para uso de redes neurais artificiais. Redes especializadas em autoaprendizado recorrente de séries históricas para seu treinamento e produção de previsões de curto, algumas horas, médio, alguns dias e longo prazo, meses de duração.

Uma abordagem muito interessante de redes neurais artificiais, encontramos em um antigo centro de operação embarcado no sistema operacional Unix-like canadense denominado QNX. Era uma RNA em que seu segmento off-line, isto é, seu aprendizado, recebia informações da base de dados do SCADA ou EMS e, uma vez treinada segundo regras desejadas, suas saídas alimentavam variáveis internas do SCADA, isto é, variáveis não oriundas do campo, mas que poderiam ser utilizadas em relatórios, em diagramas unifilares etc. Isto proporcionava um ambiente genérico, por exemplo, de produção de alarmes, por exemplo, não mais alarmes gerados por amostragem no campo, mas produzido pela aplicação de uma RNA treinada para tal. A abrangência de uma aplicação de RNA deste tipo em um centro de controle é ilimitada.

Além da previsão de carga, uma rede neural artificial é a ferramenta adequada para classificação de faltas em sistemas trifásicos usando tanto RNA supervisionada como não supervisionada. Análise de estabilidade, outro exemplo de uso com provável sucesso. O uso de RNA do tipo Kohonen para abordar problemas de despacho econômico e estabilizadores de sistemas de potência usando redes neurais recorrentes (Aggarwal & Song, 1998).

Uso de técnicas de detecção de outliers.

A definição para "detecção de outliers" em português poderia ser "a busca por valores discrepantes ou atípicos". Um atípico é algo estranho ou um objeto ou ainda um valor destacado ou fora do corpo principal de um sistema ou de um conjunto. Em mineração de dados, a detecção de outliers ou de atípicos é uma técnica de identificação de itens raros ou subconjuntos cujas características comuns não parecem tão claras quando observados no universo completo. Ela se situa na classe de técnicas de aprendizado não supervisionado. Isto é, existem os dados de entrada a serem aprendidos, mas não existem exemplos de dados de saída que descrevam completa ou aproximadamente o comportamento do fenômeno. A atenta observação dos resultados produzidos pelas técnicas de detecção de atípicos pode levar a conclusões muito interessantes e surpreendentes para fenômenos associados a um conjunto muito grande de dados.

Um exemplo clássico do uso de detecção de atípicos em centros de controle de empresas distribuição de energia é a busca por fraudes de consumidores observando a série temporal do KWh mensal. Sistemas integrados nestes centros podem fazer aquisição sistemática das séries históricas de cada consumidor residencial ou industrial e descobrir comportamentos anômalos periódicos ou que possam ser um indício de fraudes ou defeitos em medidores de energia.

A detecção de atípicos poderia também ser utilizada como processo de data warehouse prévio nos dados antes da execução do estimador de estado, por exemplo, providenciando a exclusão de valores absurdos, melhorando assim o desempenho deste.

Um exemplo frequente nos cursos de inteligência artificial é a aplicação de detecção de atípicos para análise de spam em e-mails. Esta técnica, entendemos, pode ser adaptada para o tratamento de listas de alarmes em centros de controle para identificação de comportamento anômalo ou não esperado ou fora da filosofia adotada no projeto de um sistema de proteção pela atuação indevida de relés de proteção.

Uma aplicação simples do uso de detecção de atípicos para estabelecer automaticamente os limites operacionais razoáveis e a priori das variáveis em um sistema de supervisão e controle, no caso, do SAGE do Cepel pode ser encontrada em "Limites operacionais automáticos no SAGE" (Martins).

Árvores de decisão na avaliação da estabilidade.

Um exemplo específico da utilização de árvores de decisão foi sugerido por (Ubiratan H. Bezerra, 2017). Aqui, amostras sucessivas dos resultados de fluxos de carga encadeados agregadas aos valores dos estados dos principais equipamentos em um sistema de supervisão são treinadas por um algoritmo de árvores de decisão para a produção de situações em que o sistema elétrico pode estar se dirigindo para uma região instabilidade. Um dos resultados muito interessantes desta metodologia proposta é de alertar o operador do sistema elétrico para riscos que se avizinham em áreas específicas do sistema elétrico dirigindo seu foco de atenção para áreas do sistema mais sujeitas a comprometer o sistema. A quantidade de valores de variáveis que os operadores são obrigados a acompanhar no seu trabalho diário pode conduzi-lo a não perceber regiões do sistema elétrico de maior risco operativo.

O número elevado de amostras – Big Data.

Big Data é o termo que se usa atualmente quando se quer referir a um conjunto de dados tão grande que a atual tecnologia não permite seu tratamento utilizando as metodologias, os procedimentos e técnicas em uso até então. Tabelas de dados são normalmente tratadas como banco de dados. São armazenadas em espaços organizados e gerenciados por programas especializados tais como Oracle, postgreSQL, MySql, Microsoft Dbase, etc. Os dados são armazenados de forma sofisticada, conhecida apenas do programa que os trata mas o seu acesso para consulta e sua atualização são realizadas por uma linguagem de uso praticamente universal – SQL – Structured Query Language. Esta linguagem organiza o armazenamento, a manutenção e recuperação das informações através dos relacionamentos entre si. O preço pago, entretanto, é o elevado espaço de armazenamento exigido e a velocidade de acesso a medida que a quantidade de informações aumenta.

Assim, quando esta quantidade de dados é muito grande, o seu tratamento se torna inviável pelos procedimentos tradicionais. A quantidade de dados armazenados hoje em dia pelos centros de controle os elegem a terem suas informações tratadas por técnicas modernas e podem ser considerados assim, candidatos a tratamento com as técnicas de "big data'. Um centro de controle supervisionando cerca de quarenta a cinquenta subestações atualmente pode manipular mais de 100.000 variáveis. Em geral, apenas menos de 20 % das informações são informações analógicas e que, por isso, são periódicas. As outras 80 % de informações são informações lógicas e, portanto, de ocorrência aleatória. Considerando que todas as informações provenientes do campo sejam armazenadas juntamente com a data da chegada ao centro de controle ou com a data da sua aquisição no campo, uma base de dados histórica, mesmo utilizando armazenamento textual, pode alcançar centenas de milhares ou milhões de linhas. Um centro de operação de sistema – COS, este número pode chegar ao bilhão facilmente.

Energia Renovável.

Segue-se uma breve discussão sobre energia renovável, também entusiasticamente denominada de energia limpa, e sua relação com os centros de controle de sistemas elétricos de potência. Um centro de controle teve como sinônimo por muito tempo o termo "despacho de carga". Termo que enfatiza uma das maiores preocupações dos operadores ou "despachantes", como também eram conhecidos. Despachar carga é utilizar convenientemente os recursos de geração, sua disponibilidade e suas restrições para atender a necessidade ou demanda de carga dos consumidores. Despachar, assim, significa tomar decisões de, por exemplo, quais os geradores de uma usina hidroelétrica devem entrar em operação, quais as usinas térmicas podem ser desligadas para economizar no custo do seu combustível, etc. O aspecto "disponibilidade" aqui é de importância fundamental. Discutimos brevemente cada tipo de energia renovável e sua interação com um centro de controle.

Energia solar.

Painéis fotovoltaicos estão sendo instalados em grande quantidade mundo afora. Uma contribuição significativa de produção energética no mundo já fica a cargo da geração fotovoltaica. Grandes fazendas de placas fotovoltaicas podem ser conectadas aos centros de controle para despacho conveniente da energia disponível. Infelizmente, durante toda a noite e, pior ainda, durante o por do sol, quando ocorre o pico de demanda, não se pode contar com energia solar. O uso de baterias parece imprescindível, mas seu custo, preço da manutenção e durabilidade é ainda um grande empecilho.

Em países como a Alemanha, por exemplo, o Governo vem incentivando já há algum tempo a instalação de painéis fotovoltaicos nos telhados das residências e de prédios de empresas e prédios públicos. Estes arranjos são autorizados e incentivados a se interligar com a rede elétrica para oferecer energia quando não estiver sendo utilizada internamente. O uso de baterias para manter energia durante a noite não é necessário. Basta utilizar o fornecimento da concessionária local para substituir ou complementar seus painéis fotovoltaicos residenciais durante a noite e vender a energia eventualmente excedente durante o dia para a mesma concessionária. Isto é, a concessionária de distribuição funciona como baterias para os sistemas domésticos de painéis solares. No Brasil, o esforço burocrático a ser vencido, o custo dos equipamentos e da mão de obra de instalação ainda desencorajam iniciativas nessa área. Essa oferta de energia, entretanto, não é despachável e, portanto, não é controlável. Ela é "sentida" eventualmente nos centros de controle como reduções das cargas dos consumidores.

Grandes parques solares são normalmente integrados aos centros de controle de empresas de transmissão. Entretanto, a geração solar doméstica é um problema ligado aos centros de controle de empresas de distribuição. A compra e venda equitativa de energia solar vem sendo reclamada por essas empresas como injusta. A princípio, o consumidor/gerador só aceita comprar energia pelo preço que ele vende. A remuneração do excedente vendido ainda é objeto de discussão e regulamentação no Brasil. Deve-se considerar como uma grande dificuldade a aquisição de dados de cada consumidor.

Energia eólica.

Outra fonte de energia dita limpa que já vem sendo utilizada há algum tempo é a energia dos ventos. Grandes fazendas eólicas estão sendo montadas em regiões altas, na costa marítima com ausência de mangues e mar adentro ou offshore, principalmente nos países nórdicos. Esta forma de produção de energia, por sua vez, é despachável. Fazendas eólicas podem ser integradas aos centros de controle tanto para supervisão quando para controle. Em geral, a energia convertida a partir do vento é produzida em corrente contínua porque aqui a velocidade das pás dos geradores não pode ser controlada com precisão. Posteriormente a energia é alternada de forma a poder ser sincronizada e conectada a rede elétrica.

Diferentemente da energia hidráulica, entretanto, o vento não sopra continuamente. Normalmente ele se oferece em rajadas, o que se traduz em ofertas de energia não tão constantes quanto aquela produzida pelo escoamento de um rio. As usinas térmicas são as fontes mais disponíveis de energia. Basta mantê-las abastecidas de combustível. Dia e noite, seja carvão, seja óleo diesel, etc. Um velho engenheiro de operação de sistemas elétricos me disse, em um congresso em São Paulo, que a ausência de vento trás felicidade para os operadores de sistemas elétricos de potência.

Fazendas eólicas são consideradas normalmente como cargas negativas pelos centros de controle. Mais recentemente turbinas de velocidade variável oferecem a possibilidade de controle da potência ativa e reativa de toda a fazenda ajustando estes parâmetros para cada uma delas.

A integração de fazendas eólicas e centros de controle é então uma necessidade. Entretanto, estratégias específicas começam a ser desenvolvidas sobre os tipos de informação que devem ser trocadas levando em conta que a fonte primária de energia, o vento, não tem um comportamento muito bem comportado no curto prazo como, por exemplo, o fluxo de água dos rios. Assim, a velocidade do vento é uma variável que deve constar da estratégia de controle ou, melhor, do despacho da energia produzida pelas fazendas eólicas. Para usinas hidráulicas, por exemplo, a velocidade da água não é uma variável normalmente levada em conta.

A dúvida do despachante de carga é sempre se pode ou não contar com a fonte energética como fonte disponível a cada instante ou esquece e a considera como carga negativa. A disponibilidade de fornecimento de energia de uma turbina é inteiramente ligada à velocidade do vento. O modelo de comportamento normalmente utilizado entre a potência fornecida versus a velocidade do vento é ilustrado na figura abaixo.

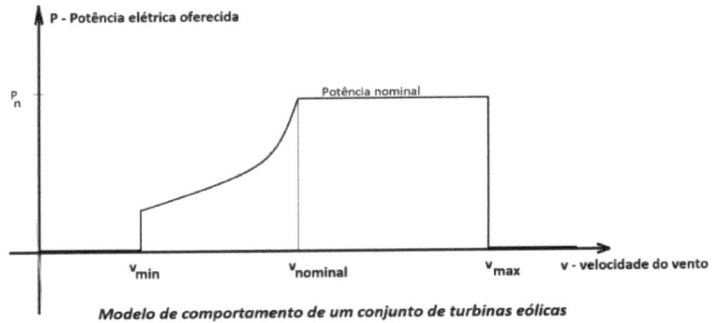

Modelo de comportamento de um conjunto de turbinas eólicas

Com ventos com velocidades inferiores ao valor mínimo especificado pelo fabricante, a estratégia é desligar a turbina para evitar riscos de danos mecânicos. Da mesma forma, para ventos com velocidades superiores ao valor máximo as pás das turbinas também são travadas. Entre a velocidade nominal recomendada e a velocidade máxima a turbina é ajustada a oferecer um valor constante de potência elétrica. Aqui ela se comporta exatamente como uma turbina hidráulica em rios caudalosos. O problema maior a ser enfrentado pela estratégia de utilização dos parques eólicos em centros de controle aparece quando os ventos estão soprando com velocidades entre o valor mínimo e o valor nominal.

Outras fontes de energia.

Biomassa ainda não tem uma importância significativa do ponto de vista de centros de operação já que são ainda principalmente utilizadas em fazendas agrícolas. Poucos empreendimentos governamentais já utilizam o lixo urbano para a produção de energia elétrica.

A energia maré-motriz ou energia das ondas, tendo Portugal como um dos países de ponta na sua utilização, aproveitando que geograficamente o país está muito dentro do Atlântico, quando aproveitada em grande escala, também pode ser despachável, com algumas dificuldades próprias da intermitência das ondas e do fluxo das marés.

Smart Grids – A rede elétrica inteligente.

No Brasil há uma forte tendência de utilizar neologismos e não traduzir os termos de língua inglesa. Assim é que se costumava chamar o conjunto de cabos, torres, subestações, usinas e seus equipamentos internos como "rede elétrica". Hoje se costuma denominar a rede como "grid". A informática embarcada nos equipamentos de proteção, medição e nos centros de controle não foram considerados inteligentes. Entretanto a utilização dos modernos sistemas de comunicação, principalmente a fibra ótica que permitiu a intensa troca de mensagens entre os equipamentos processados e o auxílio na tomada de decisões operativas a tornou inteligente, aparentemente. Então ela hoje é chamada "smart". Daí então a rede elétrica passou a chamar smart grid.

Os blecautes de 14 de agosto de 2003, que afetaram cerca de 10 milhões de pessoas no Canadá e 45 milhões de pessoas nos Estados Unidos, semelhantemente ao que havia ocorrido em 1965, já citados anteriormente e que fizeram nascer o EMS, provocaram novamente uma mudança de paradigma na condução dos sistemas elétricos de potência. A elaboração de novas recomendações governamentais apontou a necessidade de distribuir sistemas informáticos inteligentes associados a equipamentos e instrumentos elétricos realizando serviços mais inteligentes e utilizando a WEB como meio de comunicação. Lembramos que a rede, ou grid, que nasceu na década de 1890, é, no fundo, uma rede de cabos e fios elétricos interconectados, um caminho natural para a corrente elétrica em baixa frequência e em alta frequência também, este último, adequado para o transporte de informação. Lembramos ainda que os as atuais redes já oferecem facilidade de transporte de informação, através dos seus cabos óticos de aterramento OPGW. Um verdadeiro backbone para o TCP/IP. Então, nada mais natural do que embutir "inteligência" nos seus equipamentos e instrumentos para melhorar a confiabilidade, a segurança e a disponibilidade da energia elétrica aos consumidores. Estas recomendações veem dando origem, portanto, ao que se denomina *smart grid* e fez nascer uma nova área do conhecimento humano, o *grid computing*.

Um fato que a avaliação daquele blecaute ressaltou foi que operadores de centros de controle de empresas não afetadas diretamente não tinham conhecimento do que estava acontecendo. Assim, providências de redespacho valiosas e oportunas que poderiam ter diminuído o impacto das oscilações deixaram de ocorrer. As recomendações então apontaram para a urgente necessidade de troca de informações em âmbito nacional entre todos os centros de controle de forma que todos os operadores possam ter acesso ao quadro geral ou ao estado do sistema elétrico interligado no país.

O smart grid ou a rede inteligente não é, portanto, um equipamento, um programa de computador ou um sistema informático. É um conjunto de tudo isto que vem sendo implantado gradativamente, instrumento a instrumento, instalação a instalação, centro de controle a centro de controle e em cada uma das empresas de produção, transmissão e distribuição de energia elétrica. O smart grid é, portanto, um conjunto de metas que estão sendo perseguidas desde então.

No que concerne aos consumidores, a substituição dos seus antigos medidores residenciais e industriais que apenas informavam um valor contado de KWh por medidores de energia "inteligentes" vai permitir um controle eficiente do seu consumo. Por exemplo, um medidor de energia pode enviar um

SMS informando que seu consumo está muito elevado para a faixa horária do dia, ou, pode mesmo decidir por solicitar à geladeira que, se sua temperatura interna permitir, se desligue por algumas dezenas de minutos. Porque não deixar para que o carregamento das baterias do automóvel seja efetuado durante a madrugada, fora do horário de ponta, já que historicamente seu proprietário não costuma sair de carro no início da noite durante os dias de segunda a quinta feiras? São exemplos simbólicos, mas que a atual tecnologia em microprocessadores dedicados como o arduino, por exemplo, já permite implantar nos dias de hoje. As residências modernas e indústrias já oferecem redes internas de Wi-Fi, promovendo assim a estrutura de comunicação necessária para os equipamentos inteligentes. Naturalmente que esta estrutura oferece também um cenário promissor para hackers e invasores.

No que concerne aos centros de controle, por exemplo, a inteligente troca de informações entre os equipamentos de proteção podem provocar tomadas de decisão de redespacho ou, eventualmente, o ilhamento de áreas do sistema pela consulta das disponibilidades energéticas e as prioridades de carga durante um blecaute localizado. Os centros de medição fasorial, já citados anteriormente são exemplo de contribuição para o smart grid. O objetivo perseguido aqui é bastante ousado e complexo, ele visa conseguir uma rede elétrica que se restaure automaticamente, sem a participação humana, de forma rápida e segura, desde que possível. Mais ou menos como redes elétricas que se restaurem automaticamente.

O aumento considerável de fontes alternativas de energia como as eólicas e as fotovoltaicas, como já discutido anteriormente, aumentou tanto a quantidade de instalações de geração de energia elétrica que praticamente já começa a ser humanamente impossível um despacho energético eficiente e seguro. Os geradores eólicos, por sua vez, não recebem os suaves empurrões dos ventos como os geradores hidráulicos recebem das águas dos rios. A somatória de todas essas tecnologias e esforços vem construindo assim a rede elétrica inteligente.

Entretanto, até a época destes escritos, o esforço computacional no smart grid ainda não conseguiu amplos e efetivos objetivos de controle, mas apenas de observação do desastre. Os centros de controle tradicionais não ganham esta incumbência, contudo. São centros de controle independentes, os centros de medição fasorial síncrona que o fazem.

Considerações finais.

Esperamos que este livro, já obsoleto no seu parto, possa ter sido útil aos alunos de engenharia elétrica, a técnicos eletricistas e pessoal de processamento de dados e de outras disciplinas, interessados em trabalhar com sistemas elétricos de potência, seja no campo, não aconselhável, seja nos centros de controle ou em automação industrial em geral. Os sistemas de supervisão e controle, sejam de sistemas elétricos de potência, sejam de ambientes industriais de fabricação, petrolíferos ou químicos em geral, exigem conhecimentos multidisciplinares. É necessário que todo o pessoal de bordo conheça, entretanto, pelo menos, um jargão comum e algumas regras próprias das diversas áreas de conhecimento envolvidas para um bom desempenho e relacionamento humano. Esperamos assim, que este livro possa ajudar a reduzir a altura desta Torre de Babel.

A evolução tecnológica digital, em sua trajetória exponencial, foi o fator decisivo para o avanço técnico no Setor Elétrico, como o foi também em muitas outras áreas de atividades humanas. Foi o fator decisivo que ajudou a propiciar o aumento da qualidade de vida dos trabalhadores do Setor Elétrico e, principalmente, da população em geral. A redução do risco de perdas materiais e, principalmente, humanas, além de melhorar eficiência, confiabilidade e segurança na condução e operação dos sistemas elétricos de potência. Mesmo com toda a tecnologia disponível para nos facilitar a vida e melhorar os índices de produtividade empresarial e humano, mesmo com o formidável esforço para produção maciça de energia elétrica, sem a qual, teríamos muita dificuldade em viver, o convívio social e o bom relacionamento entre as pessoas, a compreensão e, emprestando um conceito da física, a resiliência é também, na opinião do autor, entendido como um dos principais fatores na evolução e no bem-estar humano. Uma descrição atual sobre o assunto é encontrada em (Governement).

Bibliografia.

Aggarwal, R., & Song, Y. (1998). Artificial neural networks in power systems. III. Examples of applications in power systems. *IEEE Xplore*, 279 - 287.

Ankaliki, S. (2011). Energy Control Center Functions for Power System. *International Journal of Mathematical Sciences, Technology and Humanities*, pp. 205-2012.

Apostolopoulou, D. (2014). Automatic Generation Control and its Implementation in Real Time. *IEEE Computer Society*.

Barros, T. M. (2014). *Previsão de carga – Comparação de técnicas.* Porto, Portugal: Faculdade de Engenharia da Universidade do Porto.

CEMIG. (2009). *INDICADORES DE QUALIDADE.* http://www.cemig.com.br/pt-br/a_cemig/nossos_negocios/Paginas/indicadores_de_qualidade.aspx.

Centro de Pesquisas em Energia Elétrica - Cepel. (s.d.). *Análise de Redes Elétricas.* Acesso em 21 de Novembro de 2018, disponível em Eletrobras - Cepel: http://www.cepel.br/produtos/programas-computacionais/analise-de-redes-eletricas.htm

Corsi, S. (2015). Voltage Control and Protection in Eletrical Power Systems.

Electric Engineering Portal. (s.d.). *Protocols applied for time synchronization in a digital substation automation.* Acesso em 17 de 11 de 2018, disponível em https://electrical-engineering-portal.com/time-synchronization-substation-automation#irig-b

ELETRONORTE. (s.d.). *Sistema Elétrico Eletrobras Eletronorte.* Acesso em 03 de 12 de 2018, disponível em eletronorte.gov.br: http://eletro.eletronorte.gov.br/

Governement, U. (s.d.). *SMARTGRID.* Acesso em 06 de 12 de 2018, disponível em Smartgrid.gov: https://www.smartgrid.gov

Greenberg, A. (2017). *HOW AN ENTIRE NATION BECAME RUSSIA'S TEST LAB FOR CYBERWAR.* https://www.wired.com/story/russian-hackers-attack-ukraine/: Wired.

Greene, B. K. (8 de 2013). Novel Applications for Phasor Measurement Units and Synchrophasor Data. *Master's Thesis*. https://trace.tennessee.edu/utk_gradthes/2416/: University of Tennessee, Knoxville.

Marinelli, M. (2017). *Demonstration of visualization techniques for the control room engineer in 2030.* http://orbit.dtu.dk/files/130245204/D8_1_Demonstration_visualization_for_control_room_2030.pdf.

Microsoft. (2016). *Coding Guidelines.* https://docs.microsoft.com/en-us/cognitive-toolkit/coding-guidelines.

Mishra, V., & Khardenvis, M. (2012). Contingency Analysis of Power System. *International Journal of Computer Applications* (p. 31 a 34). http://citeseerx.ist.psu.edu/viewdoc/download?doi=10.1.1.736.3319&rep=rep1&type=pdf.

Monti, A. M. (2016). Phasor Measurements Units and Wide Area Monitoring Systems. Elsevier.

Monticelli, A. (2011). Introdução a Sistemas de Energia Elétrica.

Monticelli, A. (1999). State Estimation in Electric Power Systems. Springer.

Power System Load Flow Tutorial. (s.d.). *Power System Load Flow Tutorial: Part 1.* Acesso em 03 de 12 de 2018, disponível em youtube: https://www.youtube.com/watch?v=LeGss3hdpMs

PSR, C. -T. (2018). Novo modelo de planejamento energético da Costa Oeste dos Estados Unidos. http://www.psr-inc.com/noticias/?current=p11463.

SAP/R3. (s.d.). *SAP Business One Cloud - Para empresas em crescimento.* Acesso em 04 de 12 de 2018, disponível em SAP: https://www.sap.com/brazil/cmp/ppc/crmbo18-brz-pmppcb1/index.html?campaigncode=CRM-BO18-BRZ-PMPPCB1RM&gclid=Cj0KCQiA6JjgBRDbARIsANfu58GKPLUh VuV3MQzzUUFZr9VyluCGxKK3XzZf9vVD0WRVWg92aRN-DpwaAi_2EALw_wcB&gclsrc=aw.ds

Ubiratan H. Bezerra, J. P. (2017). Metodologia de Controle Preventivo Baseada em Árvore de Decisão para a Melhoria da Segurança Estática e Dinâmica do Sistema Interligado da Eletronorte. *IX CITENEL Brasil*. At João Pessoa - Paraíba.

Wikipedia. (s.d.). *Economic Dispatch*. Acesso em 21 de Novembro de 2018, disponível em Wikipedia - The Free Encyclopedia.: https://en.wikipedia.org/wiki/Economic_dispatch

Wikipedia. (s.d.). *Network Time Protocol*. Acesso em 17 de 11 de 2018, disponível em Network Time Protocol: https://pt.wikipedia.org/wiki/Network_Time_Protocol

Wu, F., Khosrow, M., & Bose, A. (2005). Power System Control Centers: Past, Present and Future. *Proceedings of the IEEE*, 1890 a 1908.

Sobre o autor

Daniel Augusto Martins é engenheiro eletricista, opção eletrônica, formado pela Universidade Federal do Pará em 1972. É mestre em ciências em sistemas de controle pela Universidade Federal de Santa Catarina em 1974. Foi auxiliar de ensino na UFSC e professor assistente na UFPA. Trabalhou nas Centrais Elétricas do Norte do Brasil S.A. – Eletronorte de 1979 a 2012 onde participou das equipes que desenvolveram o software do centro de operação da Usina Hidrelétrica de Tucuruí na CGEE Alsthom em Paris. Foi líder no desenvolvimento e implantação do Centro de Operação do Sistema – COS da Eletronorte em Brasília e participou da implantação do Centro de Operação Regional de Belém. É programador especialista em desenvolvimento de software para automação industrial e entusiasta programador em ANSI-C, Assembler, FORTRAN, BASIC, PHP, Javascript, etc. Daniel é um entusiasta no desenvolvimento de páginas WEB com interface dinâmica com processos industriais. É aposentado e vive em Belém com Maria, três filhos e quatro netos. Mais informações sobre o autor podem ser encontradas em https://marajo.xyz.

www.ingramcontent.com/pod-product-compliance
Lightning Source LLC
Chambersburg PA
CBHW040055250526
45473CB00042B/2408